Elektrische Hochspannungszündapparate

Theoretische und experimentelle Untersuchungen

von

Viktor Kulebakin
Professor, Dipl.-Ing., Moskau

Mit 100 Textabbildungen

Springer-Verlag Berlin Heidelberg GmbH
1924

ISBN 978-3-642-50632-1   ISBN 978-3-642-50942-1 (eBook)
DOI 10.1007/978-3-642-50942-1

Vorwort.

Die Entwickelung der leichten Explosionsmotoren hat weitgreifende Erzeugung von magneto-elektrischen Hochspannungszündapparaten mit sich gebracht. Obgleich Hunderttausende und sogar Millionen von solchen Apparaten in den Betrieb des Alltags gebracht sind, fehlt es bisher an durchgreifenden Studien des Arbeitsvorgangs in diesen Apparaten.

Die vorliegende Arbeit will versuchen, mehr Klärung in diese Frage zu bringen und stellt das Resultat langjähriger theoretischer und experimenteller Untersuchungen des Verfassers vor.

Der experimentelle Teil dieser Arbeit wurde in den Laboratorien der Moskauer Technischen Hochschule und des Staatlichen Elektrotechnischen Experimental-Instituts unter Mitwirkung des Dipl.-Ing. A. Larionoff ausgeführt.

Der Verfasser hält es für seine ehrende Pflicht, seinen Dank dem Herrn Prof. C. Schenfer, Moskau, und Herrn Prof. F. Emde, Stuttgart, für Ihre freundliche Unterstützung der Arbeit auszusprechen.

Moskau, im Oktober 1923.

V. Kulebakin.

Inhaltsverzeichnis.

Einleitung.

Eine der vollkommensten und besten Methoden zur Entzündung des Gasgemisches in Explosionsmotoren ist der durch die Hochspannungszündapparate, die Hochspannungsmagnetos, erzeugte elektrische Funke. Infolge dieses Umstandes und wegen eines relativ kleinen Gewichts wurde dieser Zündapparat zu einem notwendigen und untrennbaren Teil des Automobil-, Flugzeug- und Luftschiffmotors, und man kann kühn behaupten, daß der Leichtexplosionsmotor ohne den Hochspannungszündapparat seine hohe Entwicklung nicht erreicht hätte.

Wie alle elektrischen Zündapparate, ist auch der Hochspannungsmagneto ein direkter Abkomme der großen Entdeckung der elektromagnetischen Induktion durch Faraday, dem es im Jahre 1831 zum erstenmal gelang, mit Hilfe elektromagnetischer Vorgänge einen Funken zu erzeugen. Der erste Zündapparat wurde im Jahre 1860 von Lenoir erfunden, der zur Entzündung des explosiven Gasgemisches in seinem Motor einen hochgespannten Funken der Rumkorfschen Spule benutzte.

Der erste magneto-elektrische Apparat für Explosionsmotoren wurde im Jahre 1883 in Wien von Markus konstruiert[1]). Dies war eine Maschine für niedrige Spannungen mit H-förmigem Anker, der sich zwischen den Polen eines kräftigen permanenten Magneten drehen konnte. Auf dem Kern dieses Ankers befand sich eine Wicklung, in der während der Rotation elektromotorische Kräfte induziert wurden. Die Ankerwicklung dieses Apparates wurde mit besonderem Unterbrecher verbunden, welcher im Zylinderkopfe des Motors eingerichtet war, und so bildete sich ein Stromkreis. Bei der Rotation des Motors wurde der Stromkreis im Ankerkreise mittels eines besonderen Mechanismus zu einem bestimmten Moment im Zylinder unterbrochen; der an der Bruchstelle sich bildende Funke brachte das Gasgemisch zur Explosion.

Im Jahre 1898 konstruierten Simms und Bosch einen magneto-elektrischen Apparat für niedrige Spannung, bei welchem der Anker unbeweglich angeordnet war, und wo die Änderung des magnetischen

---

[1]) D.R.P. 25 947, Mai 1883.

Kraftflusses in demselben mittels der Rotation von besonderen Segmenten erzielt wurde. Später (im Jahre 1902) wurde dieser Zündapparat zu einem Hochspannungsmagneto umgebaut, zu welchem Zweck Simms und Bosch auf dem Anker eine zweite Wicklung aus dünnem, isoliertem Draht mit großer Windungszahl anbrachten, die sie mit der dicken Ankerwicklung' in Reihe schalteten. Dieser Apparat fand bei den vielzylindrigen Flugzeug-Luftschiff-Motoren eine breite Verwendung.

Der magneto-elektrische Hochspannungszündapparat wurde das erstemal im Jahre 1900 in Frankreich von M. Boudeville[1]) konstruiert, der unglücklicherweise vergaß, in sein System einen Kondensator zur Verhinderung der Funkenbildung an den Kontakten des Unterbrechers einzuschließen. Es ist zum Staunen, daß M. Boudeville einen so wichtigen Teil des Zündapparates vergaß, da sein Landsmann Fiseau bereits im Jahre 1853 einen Anschluß des Kondensators an den Unterbrecher der Rumkorfschen Spule zur Verhinderung einer zu starken Funkenbildung an den Kontakten vorgesehen hatte.

Der Bau von magneto-elektrischen Hochspannungszündapparaten begann in großem Maßstab nicht in Frankreich, der Heimat dieses Apparates, sondern in Deutschland, wo die Erzeugung der Magnetos jetzt in großem Maßstabe zuerst von der Firma Bosch und später noch von anderen Firmen (Eisemann, M.E.A. usw.) begann.

Der Weltkrieg veranlaßte sämtliche Staaten, diesem Industriezweig besondere Aufmerksamkeit zu widmen, und zu Beginn des Krieges ging man in allen Ländern, darunter auch in Rußland, an die Organisierung der Erzeugung von Hochspannungsmagnetos.

Während der letzten zehn Jahre hat der Hochspannungsmagneto viele Änderungen und Verbesserungen erfahren; es erschienen zahlreiche verschiedene Typen, die sich in den Einzelheiten scharf voneinander unterschieden, die einander aber in der allgemeinen Konstruktion sich sehr ähnelten und denen das gleiche Wirkungsprinzip eigen ist.

---

[1]) Franz. Hauptpatent 263119, 16 Jan. 1897 und Zusatzpatent März 1900.

I. Grundbegriffe über die Konstruktion und die Arbeit der magneto-elektrischen Hochspannungszündapparate.

Jeder Hochspannungsmagnet besteht aus folgenden Hauptteilen:

1. dem Magnetsystem,
2. dem eisernen Anker mit Doppelwicklung,
3. dem Unterbrecher zur Unterbrechung des Stromes in der primären Wicklung,
4. dem Verteiler des Sekundärstromes.

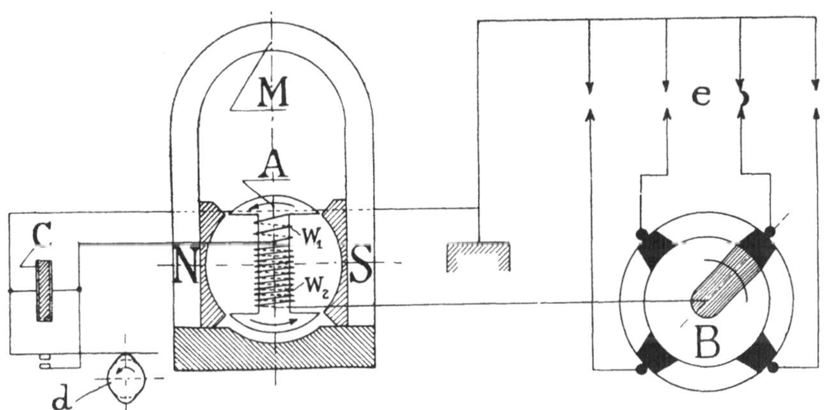

Abb. 1. Schema des Hochspannungszündapparates.

Die einfachste Konstruktion eines solchen Magnetapparates zeigt schematisch Abb. 1.

Zwischen den Polen N, S zweier starker Stahlmagnete M rotiert der ⊢-förmige Anker A, auf dem zwei Wicklungen angebracht sind — eine dicke (primäre) mit geringer Windungszahl — w_1 und eine mit dieser in Reihe geschaltete dünne (sekundäre) mit großer Windungszahl — w_2; an die Enden der primären Wicklung ist der Unterbrecher d und der Kondensator C angeschlossen. Die sekundäre Wicklung führt zum Verteiler B und von diesem zu den Kerzen e (Funkenstrecken).

1*

Bei der Rotation des Ankers entsteht eine Änderung des magnetischen Kraftflusses im Ankerkern, demzufolge sowohl in der primären, als auch in der sekundären Wicklung elektromotorische Kräfte induziert werden, deren Wert von der Zahl der Windungen und von der Änderungsgeschwindigkeit des magnetischen Kraftflusses im Anker abhängt. Die induzierte elektromotorische Kraft ist dann am größten, wenn im Anker ein Wechsel in der Richtung der magnetischen Kraftlinien eintritt, d. i. wenn sich das eine Ankerhorn von dem einen Polschuh zu entfernen beginnt und sich dem anderen nähert.

Gewöhnlich werden die Kontakte des Unterbrechers mechanisch mit dem Anker verbunden und mittels besonderer Nocken zu bestimmten Momenten geöffnet. In der geschlossenen primären Wicklung fließt infolge der induzierten elektromotorischen Kraft ein Wechselstrom, und wenn dieser sein Maximum erreicht, erfolgt die Öffnung der Kontakte. Der mit den Kontakten parallel geschaltete Kondensator beseitigt in diesem Moment die Funkenbildung, so daß die Stromunterbrechung fast augenblicklich erfolgt.

Das plötzliche Verschwinden des Stromes ruft eine heftige Änderung des magnetischen Kraftflusses hervor. Infolgedessen erhöht sich in der sekundären Wicklung die Spannung so sehr, daß zwischen den Elektroden der Kerzen eine Entladung stattfindet.

Wie aus der Abb. 1 hervorgeht, hängt der Moment der Funkenbildung im Magnetapparat mit dem rotierenden Anker von der Lage des Ankers ab. Deshalb benötigt man zur Entzündung des Gasgemisches im Motor. die bei einer bestimmten Lage des Kolbens im Zylinder stattfinden soll, eine kinematische Verbindung zwischen dem Zündapparat und dem Explosionsmotor selbst. Gewöhnlich wird deshalb der Zündapparat durch die Steuerwelle des Motors mittels Zahnrädern oder mittels Kupplungen in Bewegung gesetzt.

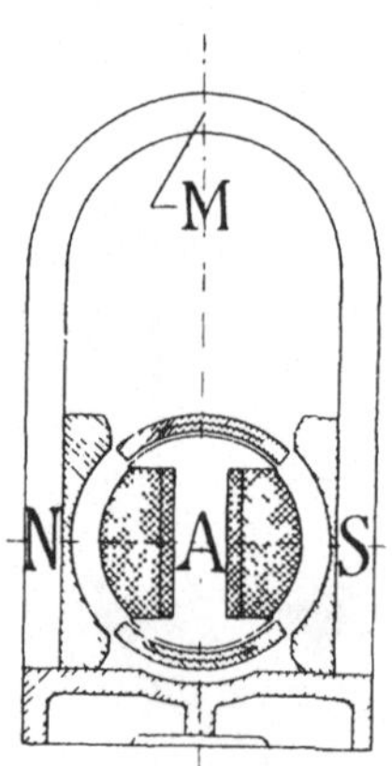

Abb. 2.
Magnetapparat
Bosch, Type H.L.

Bei dem Magneto mit H-förmigem rotierendem Anker kann man bei jeder Umdrehung zwei Funken erzeugen, so daß dieser Apparat in Bewegung gesetzt wird bei Zweizylinder-Viertakt-Motoren mit halber Geschwindigkeit, bei Vierzylinder-Motoren mit einfacher Geschwindigkeit, bei Sechszylinder-Motoren mit $1\,{}^1/_2$ facher Geschwindigkeit usw. und bei m-zylindrigen Motoren mit einer Geschwindigkeit

von $\dfrac{m}{4}$ der Umdrehungsgeschwindigkeit der Motorkurbelwelle.

Außer dem oben beschriebenen Apparat werden für Vielzylinder-Motoren Magnetapparate mit unbeweglichem H-förmigem Anker gebaut, wobei die Änderung des magnetischen Kraftflusses mittels zweier rotierender Segmente hervorgerufen wird. — Abb. 2 zeigt den Ver-

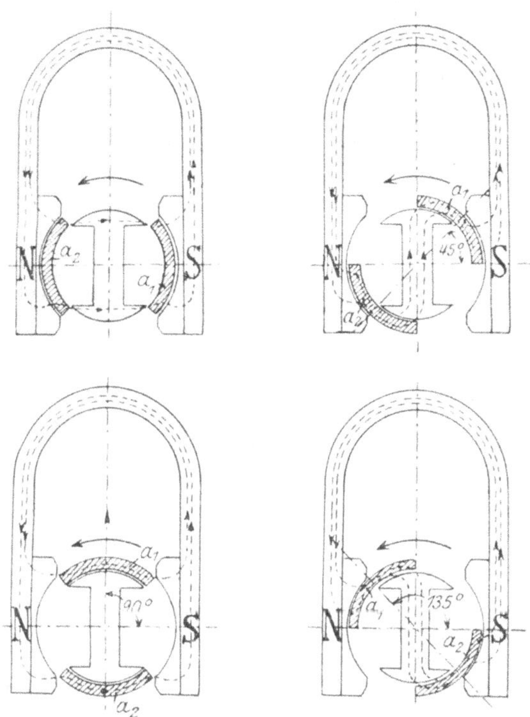

Abb. 3. Ankersystem des Magnetapparates Bosch, Type H.L.

tikalschnitt eines solchen Apparates, und aus Abb. 3 ist ersichtlich, daß der magnetische Kraftfluß bei einmaliger Umdrehung der in der Ankerarmatur beweglichen Segmente viermal seine Richtung wechselt. Somit erhält man hier bei jeder Umdrehung vier Funken, weshalb die Winkelgeschwindigkeit der Segmente um die Hälfte verringert werden kann.

Ein weiterer Vorzug dieses Apparates besteht noch in dem geringen Gewicht der rotierenden Teile, da die beweglichen Segmente ungefähr $^1/_4$ bis $^1/_5$ des entsprechenden Ankers wiegen.

Einige konstruktive Besonderheiten zeigt der Magnetapparat von Dixie. Eine allgemeine Ansicht desselben zeigt Abb. 4, während in Abb. 5 die Stahlmagneten mit den rotierenden Polenden abgebildet

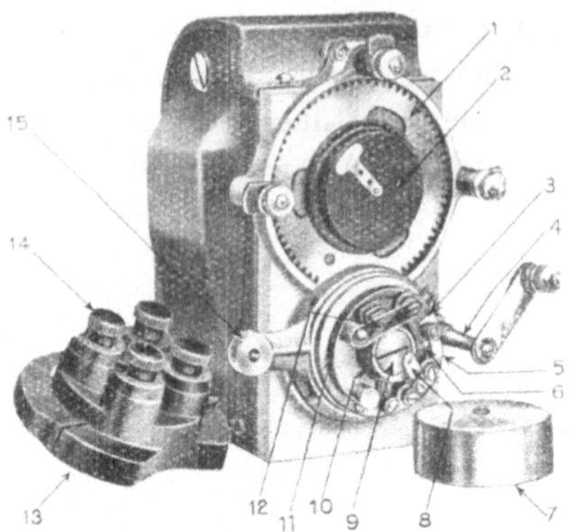

Abb. 4.   Dixie-Hochspannungsapparat.

1—2 Hochspannungsverteiler.
3—12 Teile des Unterbrechers mit Verschluß-
      deckel.
13—14 Verteilerscheibe mit Anschlußmuttern.
 15   Verstellhebel.

sind. Die rotierenden Pole sind die Kommutatoren des magnetischen Kraftflusses im Anker. Bei der Änderung des magnetischen Kraftflusses im Ankerkern wird in der unbeweglichen Wicklung eine elektromotorische Kraft hervorgerufen. In der Wirkung unterscheidet sich dieser Apparat im Prinzip in nichts von den gewöhnlichen Zündapparaten.

Die oben beschriebenen Magnetapparate werden bei den Automobil - Flugzeug - Luftschiff-Motoren am meisten angewendet.

Wie bekannt, geschieht die Entzündung des Gasgemisches zur Erzielung der größtmöglichen Leistung des Explosionsmotors nicht im Moment der Kolbenstellung in dem oberen Totpunkt, sondern bereits etwas früher, und dieser Moment der Zündung muß für jede Arbeitsleistung und Rotationsgeschwindigkeit des Motors ganz genau festliegen. Die sog. Frühzündung hängt ab von der Verbrennungsgeschwindigkeit des Gasgemisches im Zylinder des Motors; deshalb muß deren Wert der Geschwindigkeit der Kolbenbewegung entsprechen. Für Benzindampfluftgemisch ergibt sich die Verbrennungs-

Abb. 5.   Magnetsystem vom
Dixie-Apparat.

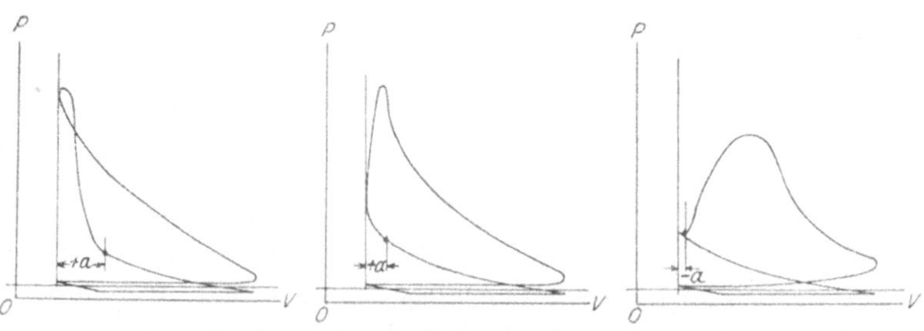

Abb. 6.   P.-V.-Diagramme des Explosionsmotors.

geschwindigkeit zu ungefähr 2,6 m/sec. Andernfalls entsteht bei der vorzeitigen Explosion ein zu starker Gegendruck auf den Kolben, was eine Verringerung der Motorleistung zur Folge hat, Stöße und

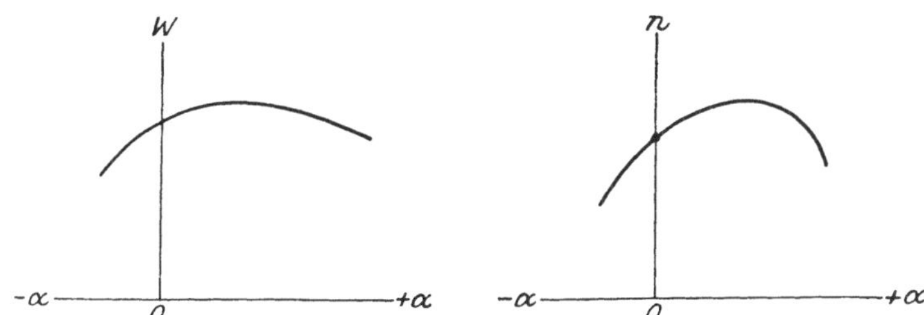

Abb. 7. Abhängigkeit der Leistung und Geschwindigkeit des Motors von der Größe der Zündmomentverstellung.

die Gefahr des Rücklaufs beim Anlassen des Motors hervorruft. Bei Spätzündung wird der Maximaldruck der Gase in den Zylindern und damit die Leistung des Motors verringert. In Abb. 6 sind die Indikatordiagramme für die verschiedenen Momente der Zündung im Viertakt-Explosions-Motor abgebildet.

Die Diagramme in Abb. 7 zeigen, wie die Größe der Zündzeitpunktverstellung die Leistung und die Rotationsgeschwindigkeit des Motors beeinflussen.

Tabelle 1.

Nr.	Motorentypen	Leistung in PS	Zahl der Zylinder	Geschwindigkeit in Umdr./Min.	Frühzündung in Grad
1	Gnom	80	7	1200	22
2	Gnom-Monosoup. .	100	9	1200	18—26
3	Le Rhone, Type C	80	9	1200	18—26
4	Clerget, Type 9 B	130	9	1200	26
5	Isotta-Fraschini .	150	6	1350	25—30
6	Hall-Scott . . .	125	6	1275	27
7	Mercedes	170	6	1250	30
8	Mercedes	170	6	1350	30
9	Benz	160	6	1350	28
10	Renault	150	8	1300	28
11	Renault	220	12	1235	20
12	Hispano-Suiza . .	250	8	1450	26
13	Hispano-Suiza . .	200	8	2000	33
14	Salmson P 9 . .	150	9	1300	35
15	Salmson A 9 . .	230	9	1250	35
16	Rolls-Royce . .	250	12	1000	30
17	Beardmore . . .	120	6	1200	30
18	R. A. F.	92	8	1700	30
19	Sunbeam	150	8	2100	30

Aus den Kurven ist auch zu ersehen, daß jedem Betriebsfalle des Motors ein günstiger Wert der Frühzündung entspricht und daß sich letztere mit der Zunahme der Geschwindigkeit und der Leistung des Motors vergrößert und mit ihrem Sinken verringert.

Bei den Leichtexplosionsmotoren wird die Rotationsgeschwindigkeit innerhalb weiter Grenzen reguliert. Um daher die günstigste Wirkung des Motors für den Betriebsfall zu erzielen, ist es notwendig, den bestimmten Moment für die Zündung festzustellen.

In Tabelle 1 sind Zahlenangaben über die Zündung in den am meisten verbreiteten Flugzeugmotoren angeführt.

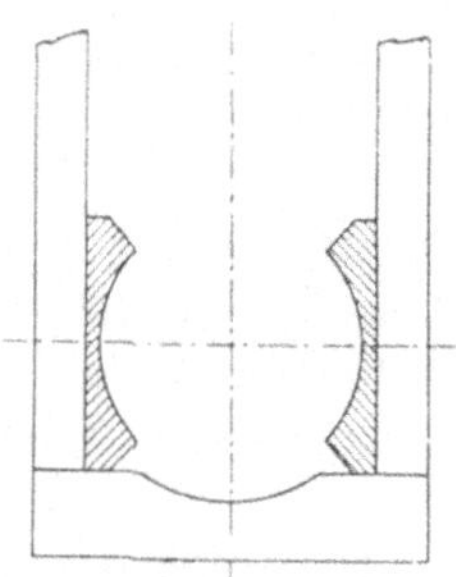

Abb. 8.
Normale Polschuhe.

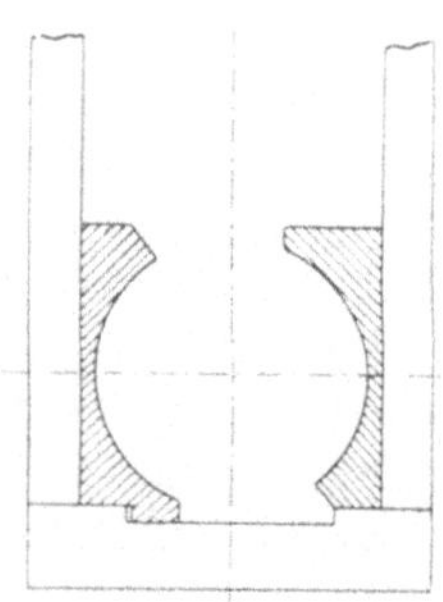

Abb. 9.
Überlappte Polschuhe.

Aus der Tabelle ist ersichtlich, daß der Winkel für die Verstellung des Zündzeitpunktes bei 35° seinen größten Wert erreicht.

Um den Motor möglichst leicht mittels der Hand in Gang zu setzen und um einen Rückschlag zu verhindern, ist es notwendig, daß die Zündung bei der oberen Totlage des Kolbens oder mit einer Verspätung von 3—5° stattfindet. Somit beträgt der Winkel, innerhalb dessen der Moment der Zündung bei der Regulierung der Umdrehungsgeschwindigkeit des Explosionsmotors von Null bis zur maximalen Größe zu ändern ist, ungefähr 35—40° auf die Kurbelwelle des Motors bezogen, was dem gleichen Winkel in bezug auf die Ankerwelle des Magnetapparates für VierzylinderMotoren und einem Winkel von 60° bei der Anwendung eines Doppelfunkenapparates für die Zündung in Sechszylinder-Motoren entspricht.

Bei der gewöhnlichen Konstruktion des magneto-elektrischen Hochspannungszündapparats läßt man eine Zündzeitpunktverstellung bis zu 35° zu, die mit Bezug auf die Achse des Ankers des Magnetapparates gemessen werden oder bis zu 24° in bezug auf die Welle des Sechszylinder-Motors. Hierbei ist die Funkenstärke in den verschiedenen Momenten nicht die gleiche, sondern verringert sich bedeutend. Die Verstellung des Zündzeitpunktes wird gewöhnlich erreicht durch die Anbringung eines Hebels in bestimmter Lage, der mit einem Ring verbunden ist, in welchem die Nocken zum Öffnen der Unterbrecherkontakte angebracht sind.

Um einen möglichst kräftigen Funken zu erzielen, wird die Unterbrechung des Stromes in der primären Wicklung dann herbeigeführt, wenn er sein Maximum erreicht hat. Um Funken gleichmäßiger Stärke bei den verschiedenen Lagen des Verstellhebels zu bekommen, muß man die Periode der maximalen Momentanwerte des primären Ankerstroms verlängern. Das erreicht man bei einigen Magnetapparaten durch besondere Ausgestaltung der Polschuhe (Abb. 9). Wie aus der Abbildung zu ersehen ist, unterscheiden sich dieselben von den normalen (Abb. 8) dadurch, daß die sog. Überlappungen oder Verlängerungen der einen Polschuhkante besitzen.

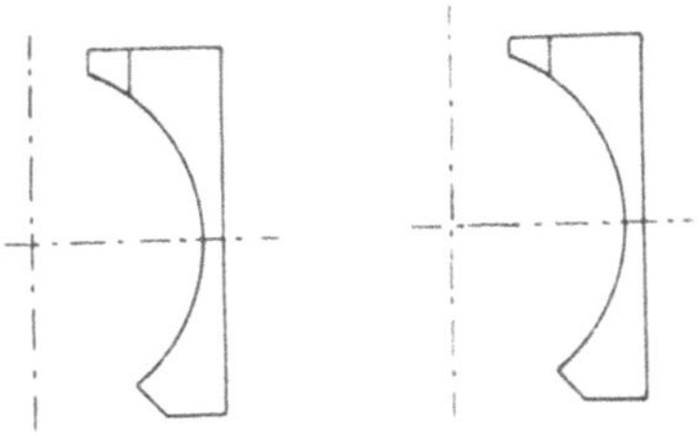

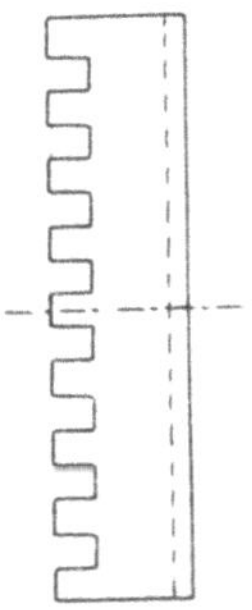

Bei einer solchen Konstruktion der Polschuhkanten ist die Änderung des magnetischen Kraftflusses im Anker nicht so heftig, wenn der Anker sich von dem

Abb. 10.
Überlappte Polschuhe.

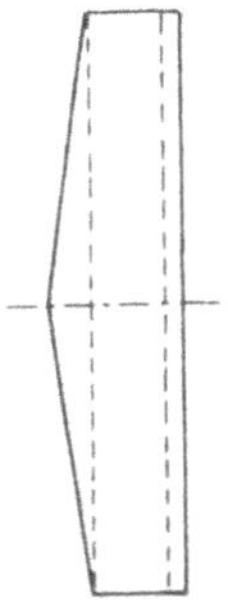

Abb. 11.
Überlappte Polschuhe.

einen Polschuh losreißt und sich dem andern nähert. — Bei anderen Magnetapparaten werden zu diesem Zweck die Polschuhe mit kammartigen Kanten oder mit besonderen Flächen ausgestattet (Abb. 10 und 11).

Bei den Magnetos mit rotierenden Segmenten wird die Verlängerung der Periode der Momentanwerte des primären Ankerstroms dadurch erreicht, daß die beweglichen Teile des magnetischen Kommutators einen Umfangswinkel nicht von 90°, sondern einen um $4-6^{\circ}$ größeren Winkel haben und sich deshalb gleichzeitig innerhalb beider Polschuhe bewegen können. Abb. 12 zeigt die Anordnung des magnetischen Kreises beim Magnetapparat von Typen Bosch, H. L. 8, B. T. H. A. V. 8 oder Singer 8 U. 4 U. und die Abmessungen seiner einzelnen Teile.

Falls es nötig ist, die Verstellung des Zündzeitpunktes innerhalb weiter Grenzen zu regulieren, ohne die Funkenstärke bedeutend zu beeinflussen, werden manche Magnetapparate (z. B. Bosch, Type

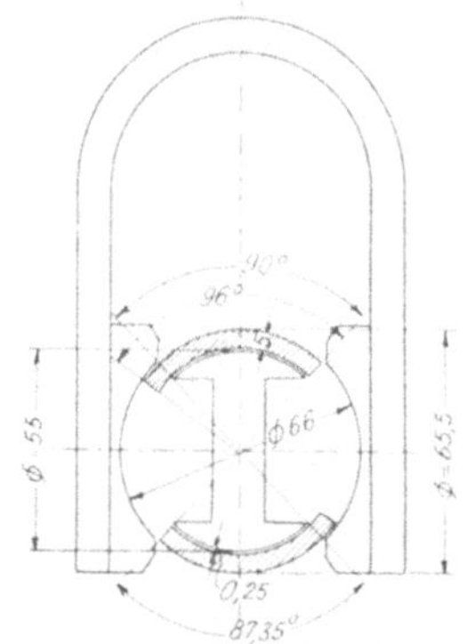

Abb. 12. Ankersystem des
Bosch-Apparates, Type H.L.

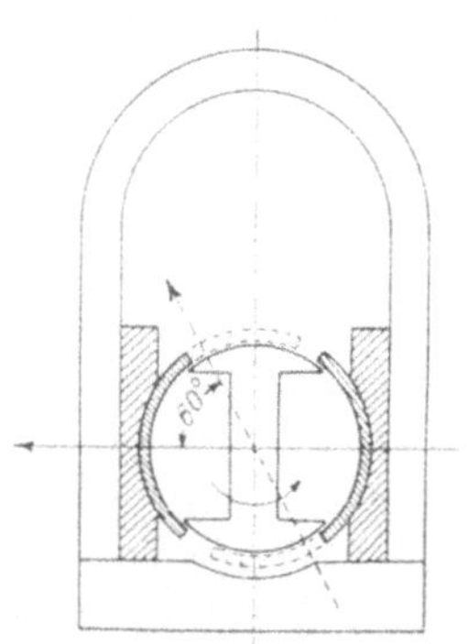

Abb. 13. Magnetsystems des
Bosch-Apparates, Type Z.H.

Z. H. 6) mit zwei Paaren von Polschuhen ausgestattet, von denen das eine Paar mit dem Verstellhebel starr verbunden wird und sich bei der Verstellung desselben drehen kann. Eine solche Konstruktion zeigt Abb. 13. Aus der Abbildung ist ersichtlich, daß man mittels der beweglichen Polschuhe das magnetische Feld im Raum verschieben kann und damit zusammen auch die Amplitude des primären Ankerstroms. Der Magnetapparat mit beweglichen Polschuhen gestattet eine Verstellung des Zündzeitpunktes in größeren Grenzen, ungefähr bis 60° in bezug auf die Ankerwelle des Magnetapparates.

Bei den Dixie-Apparaten wird die Verstellung des Zündzeitpunktes durch die Feststellung

Abb. 14. MEA-Magnetapparat.

dem eisernen Ankerkörper in bestimmter Lage erreicht. Der Ankerkörper dieses Apparates ist mit dem Unterbrecherring starr verbunden und kann sich mit Hilfe eines Hebels um eine Achse drehen, die mit der Achse der Kurbelwelle zusammenfällt.

Eine originelle Konstruktion bildet der MEA-Magneto. Das charakteristische Merkmal dieses Apparates ist das glockenförmig gestaltete Magnetfeld und die Zündmomentverstellung durch Drehung des Glockenmagnets. In Abb. 14 und 15 sind die gemeinsamen Ansichten des ganzen Apparates und des Magnetsystems dargestellt. Dieser Apparat gibt in jeder Zündstellung die gleiche Funkenstärke.

Andere Hochspannungs-zündapparate haben Vorrichtungen zur automatischen Verstellung des Zündzeitpunktes. In diesen Fällen wird die automatische Verstellung des Zündzeitpunktes durch besondere zentrifugale Regulatoren erreicht, die gewöhnlich in dem hinteren

Abb. 15. Glockenmagnet des MEA-Apparates

Teil des Deckels des Magnetapparates untergebracht sind. Abb. 16 zeigt eine photographische Abbildung des Bosch-Magneto mit einem solchen Mechanismus und der Hauptteile des letzteren. Der Regulator dieses Zündapparates besitzt mehrere Kugelgewichte, die unter dem Einfluß der zentrifugalen Kraft in Abhängigkeit von der

Abb. 16 a. Bosch-Apparat mit automatischer Zündzeitpunkt-Verstellung.

Rotationsgeschwindigkeit eine bestimmte Lage einnehmen, die eine entsprechende Winkelstellung der Ankerwelle in bezug auf die Kupplung hervorruft, welche mit dem Verteilungsmechanismus des Motors verbunden ist. Es ist klar, daß bei dieser Anordnung bei verschiedenen Zündzeitpunkten die Funkenbildung im Magnetapparat stets bei einer bestimmten Lage des Ankers im Raum stattfindet; infolgedessen wird die Funkenstärke in diesem Fall keine Änderung erleiden.

Eine andere Konstruktion bildet sich (siehe Abb. 17) die Vorrichtung zur automatischen Zündverstellung bei den Eisemann-

Magnetos. Der Regulator dieses Zündapparates wirkt folgendermaßen: Die Gewichte in Rotation versetzt, gehen infolge der Zentrifugalkraft

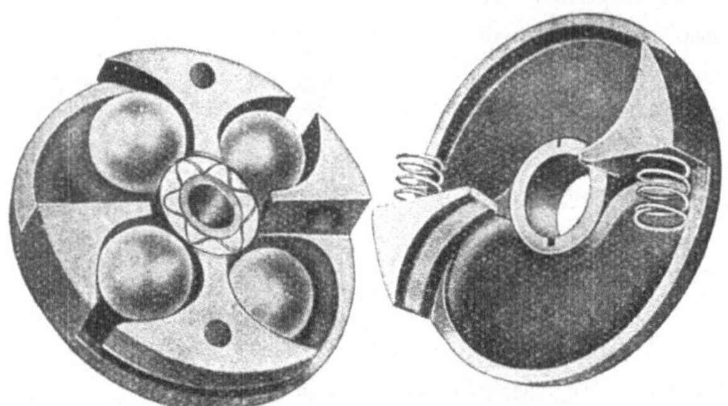

Abb. 16b. Bosch-Apparat. Hauptteile des Regulators.

beim Steigen oder Verlangsamen der Tourenzahl des Motors auseinander bzw. zusammen und verstellen durch diese Bewegung die Kupplung, welche in einem Flachgewinde läuft und die Ankerachse in

Abb. 17. Der Eisemann-Automat.

bezug auf die Antriebsachse verdreht. Deshalb kann die Periode des Strommaximums, d. i. der Moment, in welchem die Platinkontakte sich öffnen und ein Funke in der Zündkerze überspringt, nun früher oder später eintreten.

II. Arbeitsprozeß der Hochspannungs-zündapparate.

1. Änderung des magnetischen Kraftflusses in den Stahlbogen und im Ankerkern des Magneto.

Bei den Hochspannungszündapparaten gelangen permanente, aus Bandstahl hergestellte Magnete von Bogen- oder Glockenform zur Anwendung. Um kräftige Dauermagnete zu erhalten, wird ein besonderer Stahl genommen, dem Wolfram (W), Molibdän (Mo) und Chrom (Cr) beigemengt wird und der eine besondere thermische Verarbeitung erfährt (Erhitzung auf 750—900° C und Härten mit nachfolgendem Anlassen bei 150—200° C). Schwefel (S) und Phosphor (P) ist bei diesem Stahl nur in Mengen bis $0,05\,^0/_0$ zulässig. Silizium (Si) und Mangan (Mn) soll nur in möglichst geringen Mengen vorkommen, soweit es günstige Resultate beim Gießen und Walzen erfordern.

Tabelle 2 enthält Angaben über die Zusammensetzung des Stahls, wie er bei den Magnetapparaten zur Anwendung gelangt.

Tabelle 2.

Nr.	Stahlsorten	Gehalt in Prozenten
1	Deutscher	C = 0,57; W = 0,47; Si = 0,16; Mn = 0,26
2	Russischer (Putilow) . .	C = 0,65; Cr = 0,5; W = 4,5
3	Russischer (Thedoseew) .	C = 0,8; Cr = 5,0; W = 11,0
4	Schwedischer	C = 0,7; W = 5,15; Si = 0,48; Mn = 0,33

Gewöhnlich wird der Stahlbogen mit Hilfe des elektrischen Stromes magnetisiert. Zu diesem Zwecke werden auf die Stahlschäfte Drahtspulen aufgebracht und die Bogenenden mit weichem Eisen kurzgeschlossen oder aber, wie in Abb. 18 abgebildet, miteinander verbunden.

Beim Durchgang des elektrischen Stromes durch die Drahtwicklung entsteht ein magnetisches Feld, das die Magnetisierung des Stahlbogens hervorruft. Indem die Stärke des Stromes in der Wicklung von $+J$ bis $-J$ und umgekehrt verändert wird, kann ein vollständiger Zyklus der Magnetisierung erreicht werden, der sich gewöhnlich in Form einer in sich geschlossenen Schleife abbildet, wenn man in dem in Abb. 19 dargestellten Diagramm auf der Abszissenachse die Stärke des äußeren magne-

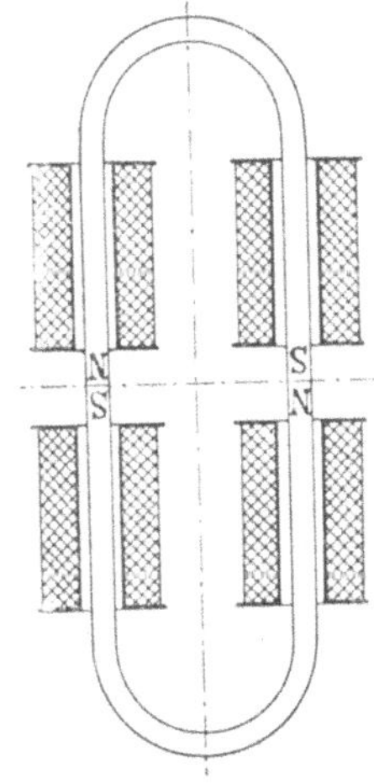

Abb. 18. Stahlbogen m. Magnetisier-Spulen.

tischen Feldes H aufträgt, das beim Durchfließen des Stromes durch die Spulenwicklung erzeugt wird und auf der Ordinatenachse die magnetische Induktion B.

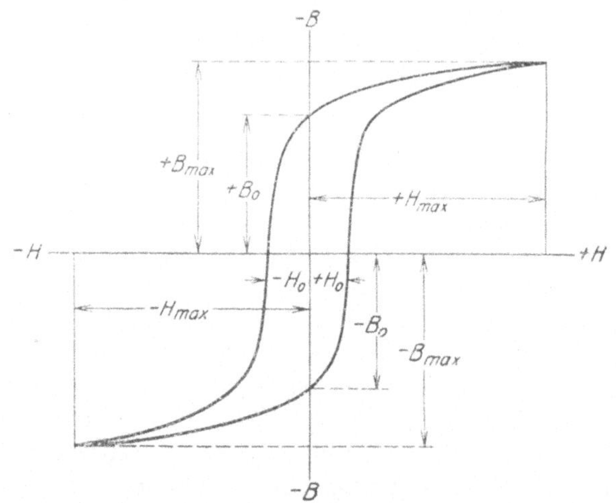

Abb. 19. Magnetisierungskurve.

Bei dem Fehlen eines äußeren magnetischen Feldes, d. h. bei $H = 0$, verschwindet die magnetische Induktion in den Stahlbogen nicht, sondern ändert sich auf eine bestimmte Größe B_0; eine vollständige Entmagnetisierung der Bogen erfolgt bei einem magnetischen Feld von der Stärke $-H_0$.

Die magnetische Induktion B_0, oder die Remanenz, in den Stahlbogen des Zündapparats beträgt ungefähr 8000—10000 Gauß und ihre Koerzitivkraft H_0 schwankt in den Grenzen von 45—55 Gauß, wenn die Magnetisierung des Stahlbogens bis zur Sättigung geschieht, was einer maximalen magnetischen Feldstärke H_{max} entspricht, welches etwa 500 Gauß beträgt.

In Tabelle 3 sind die Untersuchungsergebnisse bei Stahlmagneten der verbreitetsten Flugzeugmagneto angeführt.

Tabelle 3.

Nr.	Stahlbogen von Magnetos	B_{max}	H_{max}	B_0	H_0
1	Type A. S. 8	11 500	490	8 300	51
		11 200	490	8 500	49
2	Type C. E. V. Bosch, Paris	13 100	520	9 200	48
		15 000	530	10 500	47
3	Type H. L. 8 Singer . .	13 200	500	9 600	49
		13 500	500	9 700	50
4	Type 3. H. 4. Iskromet .	13 200	520	9 550	52
		12 900	490	9 700	52

Abb. 20 zeigt die Magnetisierungskurve eines der untersuchten Stahlbogen.

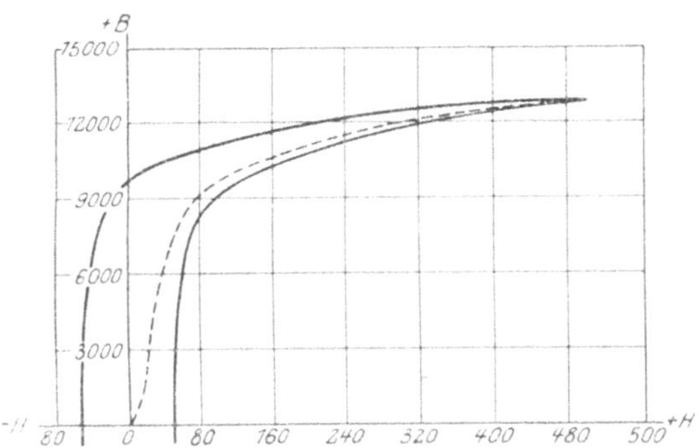

Abb. 20. Iskromet-Apparat. Magnetisierungskurve.

Wenn man beim Fehlen des äußeren magnetischen Feldes, d. i. bei $H = 0$, die magnetisierten Stahlbogen voneinander trennt, so schließen sich die magnetischen Kraftlinien im Luftraum (siehe Abb. 21) und ihre die Ebene xy schneidende Zahl stellt den magnetischen Kraftfluß Φ dar. In diesem Falle sinkt die magnetische Induktion auf die Größe $B_1 = 5000 - 7000$ Gauß. Die Verringerung der magnetischen Induktion geschieht, wie dies zum erstenmal von Houston und Kennely gezeigt wurde, unter dem Einfluß des entmagnetisierten Feldes der freien Pole.

Der magnetischen Induktion B_1 entspricht auf der Magnetisierungskurve (siehe Abb. 22) eine bestimmte Stärke des entmagnetisierten Feldes H_{d1}, dessen Wert von der Größe des magnetischen Kraftflusses und von der Form der Stahlbogen selbst abhängt.

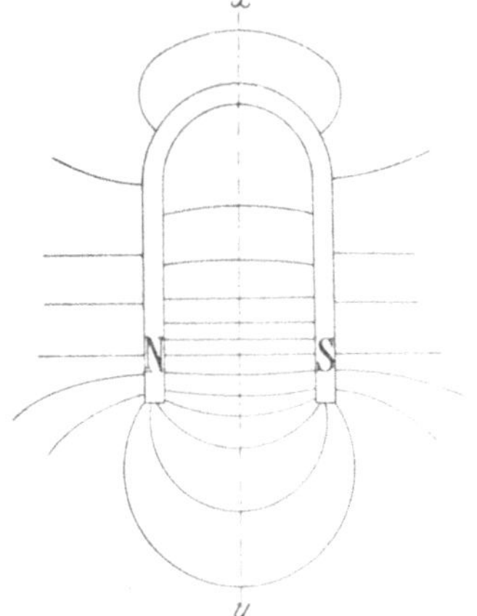

Abb. 21. Verlauf der magnetischen Kraftlinien.

Bei dem Zündapparat werden die Enden der Magnete mit Polschuhen ausgestattet, zwischen denen sich der Ankerkörper befindet. In Abb. 23 ist der ungefähre Verlauf der magnetischen Kraftlinien im Luftspalt bei horizontaler Lage des Ankers dargestellt. In diesem Fall erhält man zwischen den Polschuhen einen zwar nur geringen Widerstand, der aber trotzdem eine entmagnetisierende Wirkung der freien Pole hervorruft und infolgedessen ein Fallen der magnetischen

Induktion in den Stahlbogen von dem Werte B_0 auf B_0' verursacht (siehe Abb. 22).

Bei vertikaler Stellung des Ankers hat der magnetische Kraftfluß einen größeren Widerstand zu überwinden, demzufolge die ent-

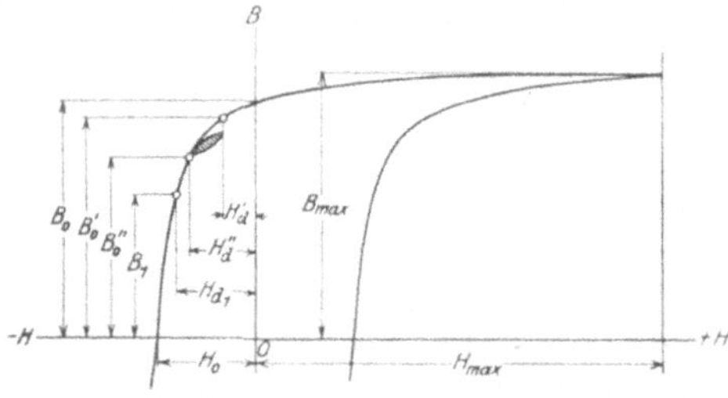

Abb. 22. Magnetisierungskurve.

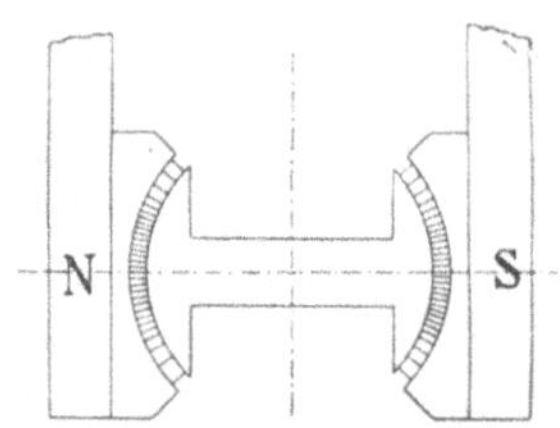

Abb. 23. Verlauf der Kraftlinien im Luftspalte.

magnetisierende Feldstärke wächst und die magnetische Induktion auf die Größe B_0'' sinkt. Auf diese Weise schwankt die magnetische Induktion in den Stahlbogen bei der Rotation des Ankers von B_0' bis B_0'' und die Stärke des entmagnetisierenden Feldes von H_d' bis H_d'' und umgekehrt. Infolge des Auftretens der Hysteresis erscheint die Abhängigkeit der magnetischen Induktion B_0' von der Feldstärke H_d' auf dem Magnetisierungsdiagramm als geschlossene Kurve, deren Fläche in Abb. 22 schraffiert ist.

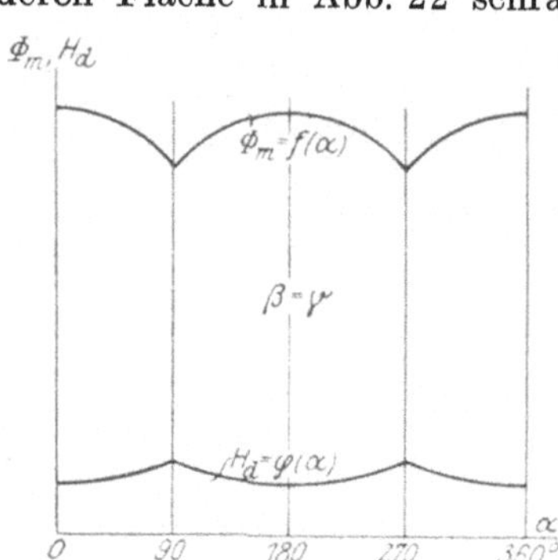

Abb. 24. $\Phi_m = f(\alpha)$ und $H_d = \varphi(\alpha)$ für die Magnetapparate mit normalen Polschuhen.

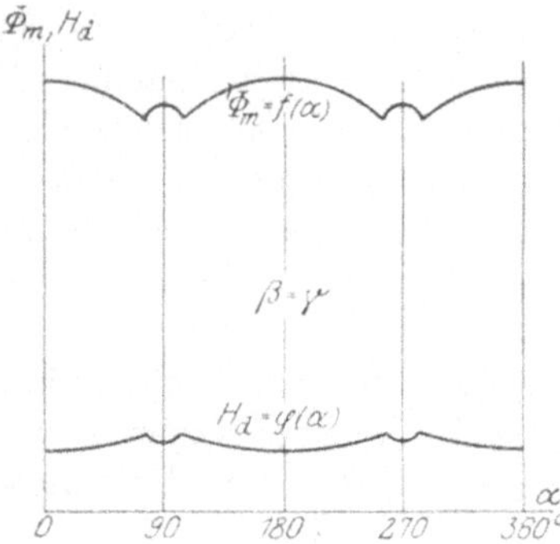

Abb. 25. $\Phi_m = f(\alpha)$ und $H_d = \varphi(\alpha)$ für die Magnetapparate mit überlappten Polschuhen.

In Abb. 24 sind Kurven abgebildet, die die Abhängigkeit der Größe des magnetischen Kraftflusses Φ_m in den Stahlbogen und der Stärke des magnetischen Feldes H_d von dem Drehwinkel des Ankers der Magnetos darstellen.

Der Charakter dieser Kurven wird von der Form der Polschuhe und des Ankers sehr beeinflußt. Die dargestellten Kurven beziehen sich auf einen Magneto, bei welchem die Polschuhe symmetrisch gestaltet sind und wo der Umfangswinkel der zylindrischen Oberfläche sowohl der Polenden als auch des Ankerkörpers gleich 90^0 ist.

Falls die Stahlbogen des Magneto Polschuhe mit Überlappungen besitzen, oder wenn die hornartigen Enden des Ankers sich gleichzeitig unter beiden Polschuhen befinden, dann nehmen diese Kurven eine andere Form an (siehe Abb. 25). Aus Abb. 25 ist zu ersehen, daß sich bei Annäherung des Ankers an die vertikale Stellung der magnetische Kraftfluß etwas vergrößert und die Stärke des magne-

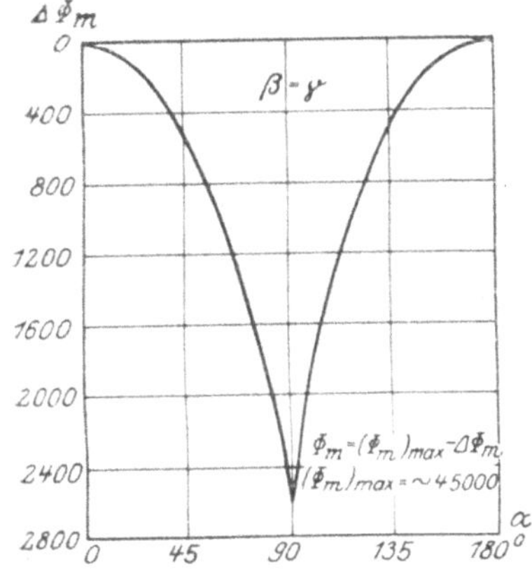

Abb. 26. Veränderung des Kraftflusses im Stahlbogen von Magnetapparaten mit normalen Polschuhen.

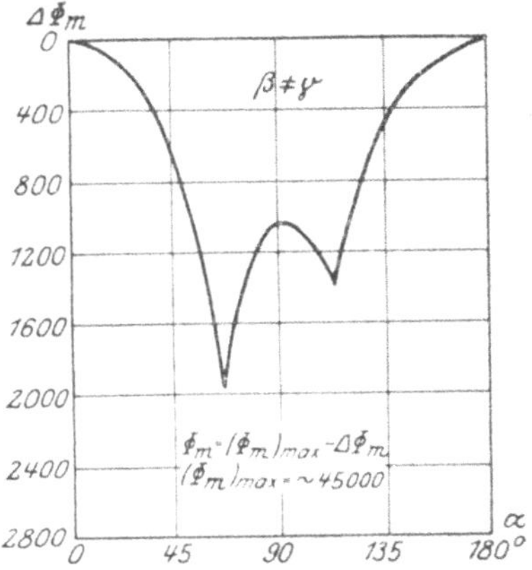

Abb. 27. Veränderung des Kraftflusses im Stahlbogen von Magnetapparaten mit überlappten Polschuhen.

tischen Feldes sich umgekehrt unbedeutend verringert. Diese Erscheinung erklärt sich durch die Verringerung des magnetischen Widerstandes des Raumes zwischen den Polen bei der vertikalen Stellung des Ankers.

In Abb. 26 und 27 sind die Kurven für die Veränderung des magnetischen Kraftflusses in den Stahlbogen für zwei verschiedene Systeme von Polschuhen abgebildet, die durch Messungen mittels des ballistischen Galvanometers erhalten wurden.

Der Charakter der Änderung des magnetischen Kraftflusses im Ankerkern beeinflußt den Arbeitsprozeß des Magneto sehr stark.

Die Zahl der magnetischen Kraftlinien, die den Anker durchdringen, bleibt bei den verschiedenen Lagen der beweglichen Teile des magnetischen Systems nicht konstant.

Falls der Magneto einen rotierenden Anker besitzt, gleicht sich bei willkürlicher Lage desselben die Differenz der magnetischen Potentiale in den Polschuhen mit dem Abfall des magnetischen Potentials innerhalb des Raumes zwischen den Polen aus.

Wenn also die magnetischen Kraftlinien von einem Pol zum andern durch das Ankereisen verlaufen, entstehen magnetische Induktionen im Luftspalt B_l und im Ankerkern B_a, denen bestimmte Werte des magnetischen Feldes H_l und H_a entsprechen. Der gesamte Abfall des magnetischen Potentials zwischen den beiden Polschuhen kann somit nach folgender Formel berechnet werden:

$$P = H_d \cdot L = H_l \cdot 2\,\delta + H_a \cdot h = B_l \cdot 2\,\delta + \frac{B_a}{\mu} \cdot h.$$

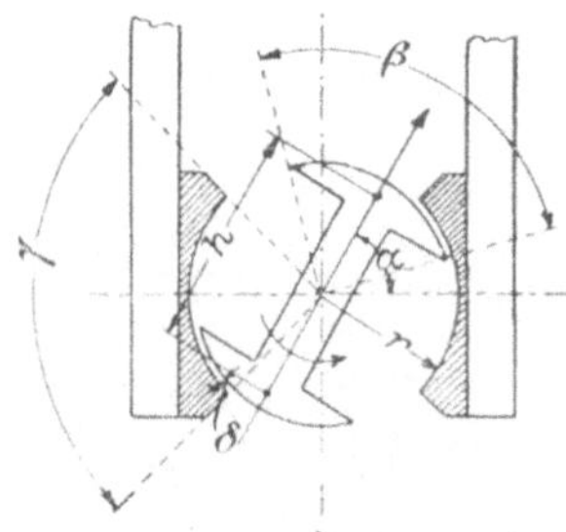

Abb. 28. Ankersystem mit normalen Polschuhen.

In dieser Formel bedeutet: δ den Luftspalt zwischen Polschuh und Anker, h die äquivalente Länge des Ankers (siehe Abb. 28), L die Länge des Stahlbogens und μ die Permeabilität des Ankereisens. Der Wert des den Ankerkern durchfließenden magnetischen Kraftflusses hängt ab von der magnetischen Induktion im Luftspalt B_l und der zylindrischen Oberfläche des Ankers F, die sich unterhalb der Polschuhe befindet, d. i. $\Phi_a = B_l \cdot F$; deshalb ist die magnetische Induktion im Ankerkern

$$B_a = \Phi_a : \Theta = \frac{B_l \cdot F}{\Theta},$$

wo $\Theta =$ die Querschnittfläche des Ankerkerns.

Daher ändert sich die Gleichung für die Differenz der magnetischen Potentiale in den Polschuhen in:

$$P = H_d \cdot L = B_l \cdot 2\,\delta + \frac{B_l \cdot F \cdot h}{\Theta \cdot \mu} = B_l\left(2\,\delta + \frac{F}{\mu} \cdot \frac{h}{\Theta}\right) = B_l\left(2\,\delta + k \cdot \frac{F}{\mu}\right),$$

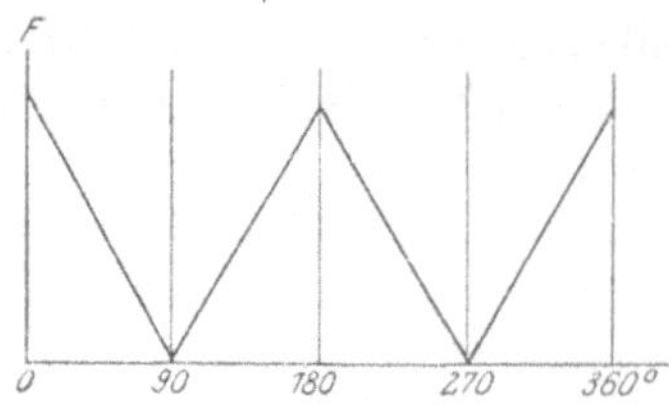

Abb. 29. $F = f(\alpha)$ für den Fall, wenn $\beta = \gamma$.

woraus folgt:

$$B_l = \frac{H_d \cdot L}{2\,\delta + k\,\dfrac{F}{\mu}}.$$

Aus der letzten Formel ersieht man, daß B_l von den drei Größen: H_d, F und μ abhängt.

Die Fläche F ändert sich bei der Rotation des Ankers. Wenn β der Umfangswinkel der zylindrischen Teile des Ankers, γ dieselbe Größe für die Polschuhe ist, l Achsenlänge des Ankers und r mittlerer Radius des zylindrischen

Luftspalts, dann ist bei einer Drehung des Ankerkörpers um den
Winkel α bezüglich der horizontalen Lage (siehe Abb. 28) der Flächeninhalt der zylindrischen Fläche

$$F = \beta \cdot r \cdot l - d \cdot r \cdot l = r \cdot l\,(\beta - \alpha),$$

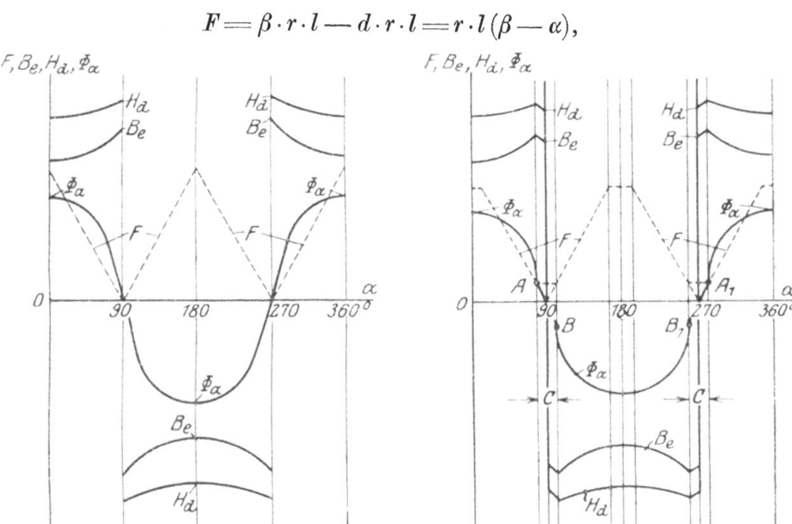

Abb. 30. F-, Φ_a-, B_e-, H_d-Kurven
fürs Ankersystem mit normalen
Polschuhen.

Abb. 31. F-, Φ_a-, B_e-, H_d-Kurven
fürs Ankersystem mit überlappten
Polschuhen.

d. h. er ist direkt proportional dem Winkel α. Diese Funktion ist
in Abb. 29 graphisch dargestellt für den Fall, daß die Winkel β
und γ einander gleich sind.

Wie bereits früher gezeigt wurde, wird der magnetische Kraftfluß des Ankerkerns seiner Größe nach bestimmt als die Summe der
magnetischen Kraftlinien, die in die zylindrische Oberfläche des
Ankers eindringen, d. h. er ist gleich:

$$\Phi_a = B_l \cdot F = \frac{H_d \cdot L}{2\,\delta + k\,\dfrac{F}{\mu}} \cdot F = \frac{H_d \cdot L \cdot r \cdot l\,(\beta - \alpha)}{2\,\delta + k \cdot r \cdot l\,(\beta - \alpha) \cdot \dfrac{1}{\mu}} = f(\alpha).$$

Auf Grund all dieser Schlußfolgerungen sind in Abb. 30 die
Kurven $H_d = \varphi\,(\alpha)$; $B_l = \gamma\,(\alpha)$; $F = \psi\,(\alpha)$; $\Phi_a = f(\alpha)$ für den
Magneto mit symmetrischen Polschuhen dargestellt. Wenn bei
einem Magneto mit rotierendem Anker die Polschuhe besondere Überlappungen haben, oder wenn der Winkel γ um die Größe $c = \gamma - \beta$
größer als β ist, dann ändert sich der magnetische Kraftfluß im
Anker etwas anders als im vorhergehenden Fall (siehe Abb. 31).

In Wirklichkeit verlaufen die Differenzen der verschiedenen magnetischen Potentiale $P = H_d \cdot L$ und die Flächen F bei Polschuhen mit Überlappungen in Abhängigkeit von dem Drehwinkel des Ankers α nach anderen Kurven. Der Charakter der Änderung $P = H_d \cdot L$ wurde für diesen Fall bereits früher gezeigt, und die Kurve $H_d = \psi(\alpha)$ wird jetzt in Abb. 31 wiederholt.

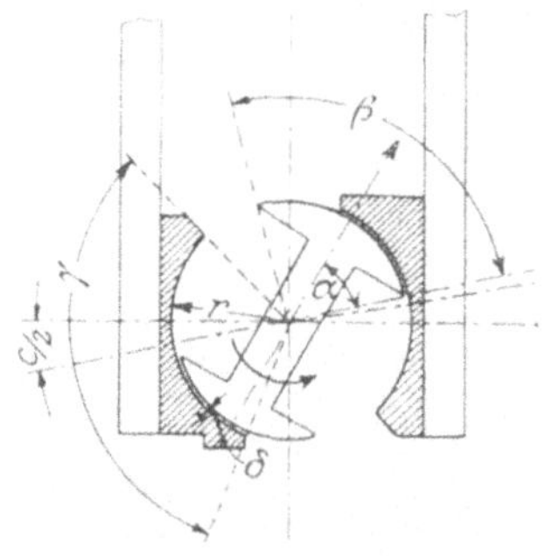

Abb. 32. Ankersystem mit überlappten Polschuhen.

Was die Fläche F betrifft, so ändert sich diese Größe folgendermaßen (Abb. 32): Bei der Drehung des Ankers um einen Winkel innerhalb der Grenzen von O bis c bleibt die Fläche konstant und ist gleich

$$F_1 = r \cdot \beta \cdot l .$$

Bei weiterer Drehung des Ankers entfernen sich seine hornartigen Enden von den Polschuhen. Die Oberfläche, durch welche die magnetischen Kraftlinien hindurchgehen sollen, verringert sich so lange, bis die Ankerenden die Kante des gegenüberliegenden Polschuhes erreicht haben. Somit kann man bei der Drehung des Ankers von $\alpha_1 = c$ bis $\alpha_2 = \pi - \dfrac{\beta}{2}$ die Änderung der Fläche F ausdrücken durch die Formel:

$$F_2 = r \cdot \beta \cdot l - r \cdot l \cdot (\alpha - c) = r \cdot l \cdot (\beta + c) - r \cdot l \cdot \alpha = r \cdot l \cdot (\gamma - \alpha) .$$

Wenn man die Rotation des Ankers fortsetzt, so gelangen unter jeden Polschuh gleichzeitig zwei hornförmige Ankerenden, und die Gesamtoberfläche dieser Enden, die sich unter den Polschuhen befinden, bleibt konstant, d. h.

$$F_3 = [r \cdot c \cdot l - r \cdot l \cdot (\alpha - \gamma)] + [r \cdot l \cdot (\alpha - \gamma)] = f_1 + f_2 = r \cdot c \cdot l ,$$

wo f_1 und f_2 die Oberflächen der Ankerenden bedeuten, die sich unter dem Polschuh befinden; bei weiterer Rotation des Ankers ändert sich die Oberfläche zuerst in umgekehrter und dann in direkter Ordnung.

Abb. 33 zeigt die Kurven für die Abhängigkeit von F vom Winkel α, und in Abb. 31 sind alle Angaben angeführt, die die magnetischen Erscheinungen im

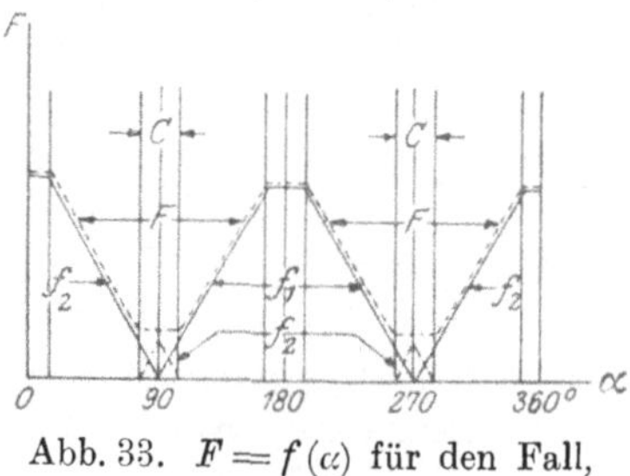

Abb. 33. $F = f(\alpha)$ für den Fall, wenn $\beta = \gamma$.

Ankerkreis eines Magneto charakterisieren, der Polschuhe mit Überlappungen besitzt. — Aus den Kurven ist ersichtlich, daß sich bei vertikaler Lage des Ankers, wenn sich seine Enden gleichzeitig unter beiden Polschuhen befinden, der magnetische Kraftfluß im Ankerkern infolge der Verringerung der magnetischen Induktion im Luftspalt nicht so heftig verändert und daß in den Momenten, die dem Anfang und dem Ende der gleichzeitigen Lage der Ankerenden unter beiden Polschuhen entsprechen, die Kurve des magnetischen Kraftflusses Wendepunkte A, B, A_1, B_1 hat.

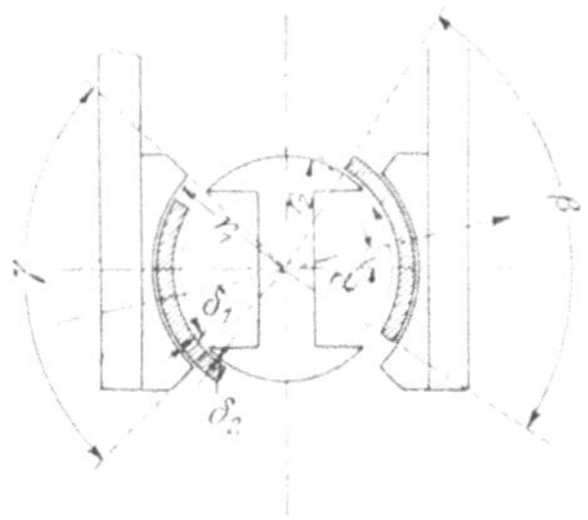

Abb. 34. Ankersystem des Bosch-Apparates, **Type H.L.**

Bei Zündapparaten mit unbeweglichem Anker, wo die Änderung des magnetischen Kraftflusses im Ankerkern durch die Rotation eiserner Segmente hervorgerufen wird, gleicht die Differenz der magnetischen Potentiale auf den Enden der Polbogen der Summe des magnetischen Potentialabfalls in den einzelnen Teilen des Ankersystems (siehe Abb. 34) oder

$$P = H_d \cdot L = B_{1\,l} \cdot 2\,\delta + B_{2\,l} \cdot 2\,\delta_2 + \sum H_a \cdot h =$$
$$= B_{1\,l} \cdot 2\,\delta_1 + B_{2\,l} \cdot 2\,\delta_2 + \sum \frac{B_{eis}}{\mu} \cdot h \, .$$

Zur Vereinfachung dieser Gleichung kann man den Ausdruck $\sum \frac{B_{eis}}{\mu} \cdot h$ als relativ kleine Größe vernachlässigen und erhält dann die Formel:

$$P = H_d \cdot L = \sim (B_{1\,l} \cdot 2\,\delta_1 + B_{2\,l} \cdot 2\,\delta_2) \, .$$

Um ein Verhältnis zwischen $B_{1\,l}$ und $B_{2\,l}$ herzustellen, wird angenommen, daß die Zahl der magnetischen Kraftlinien, die die beweglichen Segmente und den Ankerkern durchdringen, die gleiche ist, weshalb für den Fall, daß keine Streuung stattfindet,

$$B_{1\,l} \cdot F_1 = B_{2\,l} \cdot F_2 \, ,$$

und hieraus

$$B_{2\,l} = \frac{B_{1\,l}\,F_1}{F_2} \, ,$$

wo F_1 und F_2 die Flächeninhalte der mittleren Oberfläche des Luftspaltes sind. Diese Flächen sind laut der Bezeichnungen nach Abb. 34 gleich:

$$F_1 = r_1 \cdot l \cdot (\beta - \alpha) \, ,$$
$$F_2 = r_2 \cdot l \cdot \alpha \, ,$$

so daß

$$B_{1l} = \frac{B_{2l} \cdot F_2}{F_1} = \frac{B_{2l} \cdot l \cdot r_2 \cdot \alpha}{r_1 \cdot l \cdot (\beta - \alpha)} = B_{2l} \cdot \frac{\alpha}{\beta - \alpha} \cdot \frac{r_2}{r_1};$$

$$B_{2l} = \frac{B_{1l} \cdot F_1}{F_2} = \frac{B_{1l} \cdot r_1 \cdot l \cdot (\beta - \alpha)}{r_2 \cdot l \cdot \alpha} = B_{1l} \cdot \frac{\beta - \alpha}{\alpha} \cdot \frac{r_1}{r_2};$$

$$P = H_d \cdot L = B_{1l} \cdot 2\,\delta_1 + B_{2l} \cdot 2\,\delta_1 = B_{1l} \cdot 2\,\delta_1 + B_{1l} \cdot \frac{\beta - \alpha}{\alpha} \cdot \frac{r_1}{r_2} \cdot 2\,\delta_2 =$$

$$= B_{2l} \cdot 2\,\delta_2 + B_{2l} \cdot \frac{\alpha}{\beta - \alpha} \cdot \frac{r_2}{r_1} \cdot 2\,\delta_1 \, .$$

Gewöhnlich macht man bei den Magnetapparaten $\delta_1 = \delta_2$, und da r_1 und r_2 nur wenig verschieden ist, kann man annehmen, daß

$$P = H_d \cdot L = \sim \left[B_{1l} \cdot 2\,\delta_1 + B_{1l} \cdot \frac{\beta - \alpha}{\alpha} \cdot 2\,\delta_1 \right] = \sim 2\,B_{1l} \cdot \delta_1 \cdot \frac{\beta}{\alpha}$$

und auch

$$P = H_d \cdot L = \sim \left[B_{2l} \cdot 2\,\delta_2 + B_{2l} \cdot \frac{\alpha}{\beta - \alpha} \cdot 2\,\delta_2 \right] = \sim 2\,B_{2l} \cdot \delta_2 \cdot \frac{\beta}{\beta - \alpha} \, .$$

Aus diesen Gleichungen bekommt man:

$$B_{1l} = \sim \frac{H_d \cdot L \cdot \alpha}{2\,\delta_1 \cdot \beta} = k_1 \cdot H_d \cdot \alpha,$$

$$B_{2l} = \sim \frac{H_d \cdot L \cdot (\beta - \alpha)}{2\,\delta_2 \cdot \beta} = k_2 \cdot H_d \cdot (\beta - \alpha),$$

und ihre Summe ist bei $\delta_1 = \delta_2$:

$$B_{1l} + B_{2l} = k \cdot H_d \, .$$

Der durch den Ankerkern gehende magnetische Kraftfluß ist seiner Größe nach hervorgerufen durch die magnetische Induktion auf die Querschnittfläche des Ankerkerns. Falls keine Streung eintritt, kann man ihre Größe bestimmen nach der Formel:

$$\Phi_a = B_{1l} \cdot F_1 = B_{2l} \cdot F_2 = k \cdot H_d \cdot \alpha \cdot r \cdot l \cdot (\beta - \alpha) = k \cdot H_d \cdot (\beta - \alpha) \cdot r \cdot l \cdot \alpha .$$

Da $\beta = 90^0$ gemacht wird, so ist bei Untersuchung dieser Formel leicht zu erkennen, daß bei $\alpha = 0^0$, 90^0, 270^0 und 360^0, d. h. bei jeder Drehung um 90^0, der magnetische Kraftfluß gleich 0 wird. Er erreicht sein Maximum bei $\alpha = 45^0$, 135^0, 225^0, 325^0 usw. Daraus folgt auch, daß man bei einer Drehung der Segmente um 360^0 vier Funken erhalten kann.

Wenn bei verschiedenen Lagen der beweglichen Segmente die magnetische Feldstärke der Stahlbogen H_d konstant bleiben würde,

dann wäre die Kurve für die Veränderung des magnetischen Kraftflusses entsprechend der letzten Formel eine Parabel.

In Abb. 35 sind die Kurven für die Veränderung des magnetischen Kraftflusses für zwei Fälle abgebildet: 1. $H_d =$ konst. und
$H_d =$ var.

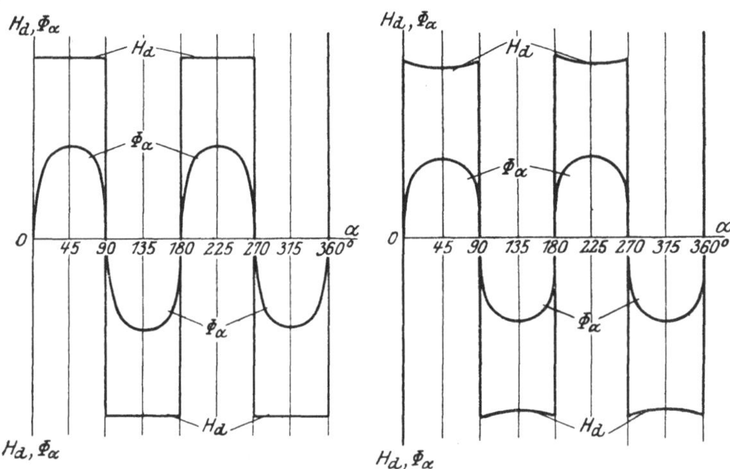

Abb. 35. H_d-, Φ_α-Kurven für den Bosch-Apparat, Type H L.

Die angeführten Kurven, die auf Grund theoretischer Betrach-
tungen erhalten wurden, sind die typischen Formen für die Änderung des magnetischen Kraftflusses im Ankerkern. Infolge der
Hysteresis, der ungleichmäßigen Verteilung der magnetischen Induktion über die Oberfläche des Ankers, sind die Kurven für den
magnetischen Kraftfluß, die man auf dem Wege von Versuchen
erhält (z. B. Messungen mittels des ballistischen Galvanometers u. a.),
von den theoretischen etwas verschieden.

Die Messungen zeigen (siehe Abb. 26 und 27), daß sich der
magnetische Kraftfluß in den Stahlbogen während der Rotation des
Ankers oder anderer beweglicher Teile des magnetischen Systems
nur wenig ändert (die Schwankungen überschreiten nicht 3 bis 5 %);
man kann deshalb praktisch annehmen, daß die Differenz der magnetischen Potentiale auf den Polen konstant bleibt. Die von den Polschuhen der Stahlbogen ausgehenden magnetischen Kraftlinien zer-
fallen in zwei Teile, von denen sich der eine durch die Eisenmassen
des Ankersystems schließt und der andere durch den Luftraum
zwischen den Polen. Damit sich der größte Teil aller magnetischen
Kraftlinien durch den Ankerkern schließen soll, wird der magnetische
Widerstand des Ankerkreises möglichst klein gemacht. Man hält
deshalb den Luftspalt in solchen Ausmaßen, daß gerade die Mög-

lichkeit einer Berührung der Eisen verhindert wird. Gewöhnlich beträgt die Gesamtlänge der Luftspalten 0,5 bis 0,6 mm.

Wenn man zwei Magnetos miteinander vergleicht, und zwar einen mit symmetrischen Polschuhen und einen anderen, dessen Polschuhe mit Überlappungen versehen sind, so ist leicht zu erkennen, daß bei gleicher magnetischer Leitfähigkeit des Ankersystems der Gesamtwiderstand des Raumes zwischen den Polen ein verschiedener ist. Im ersten Fall ist er größer als im zweiten, da die Kanten zweier gegenüberliegenden unsymmetrischen Polschuhe einander näher sind und damit den Widerstand verringern.

Infolgedessen und unter Berücksichtigung der Verringerung von H_a bei Vergrößerung der Leitfähigheit λ des Raumes zwischen den Polen kann man schließen, daß bei einem Magneto mit unsymmetrischen Polschuhen eine geringere Zahl von magnetischen Kraftlinien durch den Ankerkern gehen. Aus demselben Grunde vergrößert sich bei dem Magneto mit beweglichen Polen (z. B. Type Z. H. 6) bei einer Drehung der Polschuhe bezüglich ihrer mittleren Lage die magnetische Streuung.

Diese theoretischen Ausführungen bestätigen sich an experimentellen Untersuchungen.

In Tabelle 4 sind die Daten über die Streukoeffizienten bei verschiedenen Hochspannungsmagnetos für den Fall angegeben, wenn im Ankerkern der magnetische Kraftfluß sein Maximum erreicht.

Tabelle 4.

Benennung der Größen	Magnetos „Iskromet"			Magneto Z. H. 6		Magneto Dixie
	N 1046	N 1046	N 1025	Lage I	Lage II	
Magnetischer Kraftfluß in den Stahlbogen Φ_m . . .	48 500	44 500	43 500	46 500	46 500	44 000
Magnetischer Kraftfluß im Ankerkern $\Phi_{a_{max}}$	43 000	37 500	39 000	38 500	36 000	17 500
Streukoeffizient $\dfrac{\Phi_m}{\Phi_{a_{max}}} = \sigma$.	1,129	1,130	1,243	1,208	1,292	2,514

Bemerkungen: 1. Die Magnetos „Iskromet" hatten verschiedene Formen von Polschuhen, und zwar:

$$\text{Nr. } 1047 \ldots \ldots \gamma = 90^0,$$
$$\text{„ } 1041 \ldots \ldots \gamma = 102^0,$$
$$\text{„ } 1025 \ldots \ldots \gamma = 127^0.$$

2. Der Magneto Z. H. 6 wurde in zwei Lagen, I und II, der verstellbaren Polschuhe untersucht; die Lage I entsprach der Spätzündung, die andere der Frühzündung.

Auf Grund des oben Gesagten und Dargelegten kann man folgende Schlußfolgerungen ziehen:

1. Der magnetische Kraftfluß der Stahlbogen wird am besten ausgenutzt bei einem Zündapparat mit symmetrischen Polschuhen oder bei Apparaten, bei denen die Umfangswinkel der Polschuhe und des Ankers ungefähr gleich 90° sind.

In diesem Fall wird der größte nutzbare Kraftfluß erzielt, die Änderung des Kraftflusses im Anker vollzieht sich am heftigsten, was auf die Größe der induzierten elektromotorischen Kraft von großem Einfluß ist.

2. Beim Zündapparat Bosch Type Z. H. 6 werden die magnetischen Eigenschaften am vollständigsten ausgenutzt, wenn die beweglichen Polschuhe symmetrisch zur horizontalen Achse gelagert werden.

3. Das Vorhandensein überlappten Polschuhen, oder die Vergrößerung des Umfangswinkels derselben (wenn $\gamma > 90°$), verschlechtert den Prozeß der magnetischen Erscheinungen im Ankerkreis des Magnetapparates.

4. Außerdem ist noch auf eine unerwünschte Erscheinung hinzuweisen, die bei Magnetapparaten auftritt, deren Polschuhe solche Überlappungen besitzen, wie sie in Abb. 9 bis 11 dargestellt sind und auch beim Zündapparat Bosch Type Z. H. 6: das ist die Ungleichheit der Halbperioden der Änderung des magnetischen Kraftflusses im Anker, die infolge der unsymmetrischen Anordnung des magnetischen Systems bezüglich der horizontalen Achse entsteht.

2. Änderung der elektromotorischen Kräfte und des Kurzschlußstromes in den Ankerwicklungen.

Leerlauf.

Bei der Rotation der beweglichen Teile des magnetischen Systems des Magneto werden in der Ankerwicklung infolge der Änderung des magnetischen Kraftflusses im Ankerkern elektromotorische Kräfte induziert, deren Momentanwerte nach der bekannten Formel bestimmt werden:

$$e = - w \cdot \frac{d\Phi}{dt} \cdot 10^{-8} \text{ Volt}.$$

Wenn also die primäre Wicklung w_1 Windungen und die sekundäre w_2 Windungen hat, so sind die betreffenden elektromotorischen Kräfte gleich:

$$e_1 = - w_1 \cdot \frac{d\Phi_a}{dt} \cdot 10^{-8} \text{ Volt},$$

$$e_2 = - w_2 \cdot \frac{d\Phi_a}{dt} \cdot 10^{-8} \text{ Volt}.$$

Wenn der Anker oder das bewegliche magnetische System mit konstanter Winkelgeschwindigkeit ω rotiert, dann kann man l_1 und l_2 ausdrücken als Funktion des Winkels α, d. h.:

$$e_1 = -\,\omega \cdot w_1 \cdot \frac{d\,\Phi_a}{d\,t} \cdot 10^{-8} = m_1 \cdot \frac{d\,\Phi_a}{d\,\alpha}\ \text{Volt},$$

$$e_2 = -\,\omega \cdot w_1 \cdot \frac{d\,\Phi_a}{d\,t} \cdot 10^{-8} = m_2 \cdot \frac{d\,\Phi_a}{d\,\alpha}\ \text{Volt}.$$

Auf Grund dieser Formeln kann man nach der Kurve $\Phi_a = f(\alpha)$ leicht die Kurve $e = m \cdot \dfrac{d\,\Phi_a}{d\alpha} = \varphi(\alpha)$ konstruieren. In Abb. 36 sind die Kurven $\Phi_a = f(\alpha)$ und die ihr entsprechende $-\dfrac{d\,\Phi_a}{d\alpha} = \varphi(\alpha)$ abgebildet.

Je heftiger sich der magnetische Kraftfluß im Ankerkern ändert, desto größer sind die elektromotorischen Kräfte. Gewöhnlich werden die Kurven der Veränderung des magnetischen Kraftflusses charakterisiert durch den Koeffizienten:

$$Z = \left(\frac{d\,\Phi}{d\,\alpha}\right)_{\max} : (\Phi_a)_{\max}.$$

Bei der strengen Sinusform der Kurve des magnetischen Kraftflusses ist dieser Koeffizient gleich 1. Bei den Hochspannungszündapparaten unterscheiden sich die Kurven $\Phi_a = f(\alpha)$ in ihrer Form von den Sinuskurven und haben andere Formen.

Jede komplizierte Kurve für die Funktionen des magnetischen Kraftflusses und der elektromotorischen Kraft kann man in eine Fouriersche Reihe zerlegen, d. h. man kann sie auf die Grundwellen und höhere Harmonische (Oberwellen) zurückführen. Die in Abb. 36 dargestellten Kurven werden dann durch folgende Gleichungen ausgedrückt:

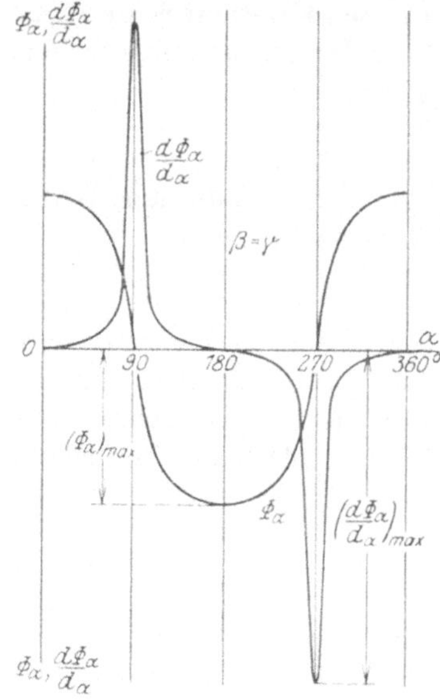

Abb. 36.

Φ_a- und $\dfrac{d\,\Phi_a}{d\alpha}$-Kurven für Magnetapparate mit normalen Polschuhen.

für den magnetischen Kraftfluß:

$$\Phi_a = f(\alpha) = \Phi_{a_{max}} \cdot [a_1 \cdot \mathrm{Sin}\,(\alpha + 90^0) + a_3 \cdot \mathrm{Sin}\,3\,(\alpha + 90^0) +$$

$$+ a_5 \cdot \mathrm{Sin}\,5\,(\alpha + 90^0) + \ldots] + \Phi_{a_{max}} \cdot [b_1 \cdot \mathrm{Cos}\,(\alpha + 90^0) +$$

$$+ b_3 \cdot \mathrm{Cos}\,3\,(\alpha + 90^0) + b_5 \cdot \mathrm{Cos}\,5\,(\alpha + 90^0) + \ldots];$$

für die elektromotorische Kraft:

$$e = \psi(\alpha) = -\,\omega \cdot w \cdot \frac{d\,\Phi_a}{d\,\alpha} \cdot 10^{-8} =$$

$$= -\,\omega \cdot w \cdot 10^{-8} \cdot \Phi_{a_{max}} \cdot [a_1\,\mathrm{Cos}\,(\alpha + 90^0) + 3\,a_3\,\mathrm{Cos}\,3\,(\alpha + 90^0) +$$

$$+ 5\,a_5\,\mathrm{Cos}\,5\,(\alpha + 90^0) + \ldots - b_1\,\mathrm{Sin}\,(\alpha + 90^0) -$$

$$- 3\,b_3\,\mathrm{Sin}\,3\,(\alpha + 90^0) - 5\,b_5\,\mathrm{Sin}\,(\alpha + 90^0) + \ldots].$$

Wenn man den Einfluß der Hysteresis des eisernen Ankerkerns vernachlässigt, so haben die Kurven sowohl des magnetischen Kraftflusses als auch der elektromotorischen Kräfte eine symmetrische Form und die vereinfachten Formeln erhalten folgendes Aussehen:

$$\Phi_a = \Phi_{a_{max}} \cdot [a_1\,\mathrm{Sin}\,(\alpha + 90^0) + a_3\,\mathrm{Sin}\,3\,(\alpha + 90^0) = a_5\,\mathrm{Sin}\,5\,(\alpha + 90^0) + \ldots],$$

$$e = -\,\omega \cdot w \cdot 10^{-8} \cdot \Phi_{a_{max}} \cdot [a_1\,\mathrm{Cos}\,(\alpha + 90^0) + 3\,a_3\,\mathrm{Cos}\,3\,(\alpha + 90^0) +$$

$$+ 5\,b_5\,\mathrm{Cos}\,5\,(\alpha + 90^0) + \ldots]. \quad .$$

Wie aus den Kurven in Abb. 36 zu ersehen ist, erhält man das Maximum für den magnetischen Kraftfluß bei $\alpha = 0^0$, 180^0 usw. In diesem Falle wird

$$\Phi_{a_{max}} = \Phi_{a_{max}} \cdot [a_1\,\mathrm{Sin}\,90^0 + a_3\,\mathrm{Sin}\,270^0 + a_5\,\mathrm{Sin}\,450^0 + \ldots] =$$

$$= \Phi_{a_{max}} \cdot [a_1 - a_3 + a_5 - a_7 + \ldots],$$

und hieraus

$$a_1 - a_3 + a_5 - a_7 + \ldots = 1.$$

In dem Zündapparat mit symmetrischen Polschuhen, bei welchen die Umfangswinkel der Polschuhe und des Ankers einander gleich sind, d. h. wo $\beta = \gamma$, erreicht die elektromotorische Kraft ihr Maximum bei $\alpha = 90^0$, 270^0 usw., d. h. wenn $\Phi_a = 0$; somit

$$e_{max} = -\,\omega \cdot w \cdot 10^{-8} \cdot \Phi_{a_{max}} \cdot [a_1\,\mathrm{Cos}\,180^0 + 3\,a_3 \cdot \mathrm{Cos}\,3 \cdot 180^0 +$$

$$+ 5\,a_5 \cdot \mathrm{Cos}\,5 \cdot 180^0 + \ldots] = +\,\omega \cdot w \cdot 10^{-8} \cdot \Phi_{a_{max}} \cdot$$

$$\cdot (a_1 + 3\,a_3 + 5\,a_5 + \ldots) = -\,\omega \cdot w \cdot \left(\frac{d\,\Phi_a}{d\,\alpha}\right)_{max}.$$

Aus dieser Formel findet man, daß

$$\left(\frac{d\,\Phi_a}{d\,\alpha}\right)_{\mathrm{max}} = -\,\Phi_{a_{\mathrm{max}}}\cdot(a_1 + 3\,a_3 + 5\,a_5 + \ldots)$$

und

$$Z = -\,\frac{\Phi_{a_{\mathrm{max}}}\cdot(a_1 + 3\,a_3 + 5\,a_5 + \ldots)}{\Phi_{a_{\mathrm{max}}}} = -\,(a_1 + 3\,a_3 + 5\,a_5 + \ldots).$$

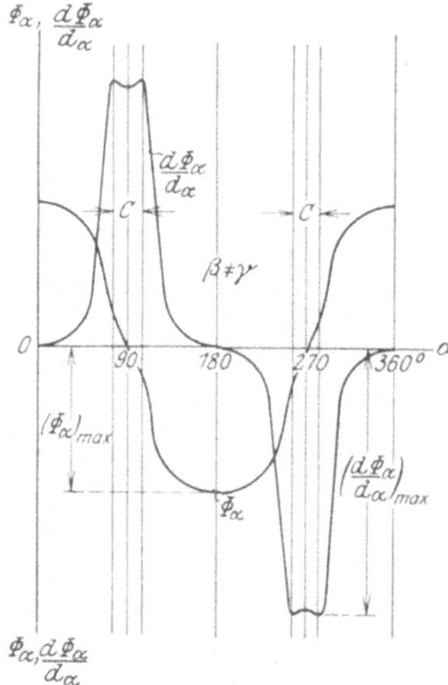

Abb. 37.

Φ_a- und $\dfrac{d\,\Phi_a}{d\,\alpha}$-Kurven für Magnetapparate mit überlappten Polschuhen.

Wenn der Magneto überlappte Polschuhe hat, oder wenn der Umfangswinkel $\gamma \neq \beta$, dann ergibt sich das Maximum von $-\left(\dfrac{d\,\Phi_a}{d\,\alpha}\right)_{\mathrm{max}}$ in den Momenten, die den Wendepunkten der Kurve für den magnetischen Kraftfluß entsprechen, und die Kurve $-\dfrac{d\,\Phi_a}{d\,\alpha} = \psi\,(\alpha)$ hat an den Stellen der größten Ordinaten keine spitze, sondern eine sattelartige Form (siehe Abb. 37). In diesem Falle erreichen die elektromotorischen Kräfte ihr Maximum bei einer Drehung des Ankers um

$$\alpha = 90 - \frac{c}{2}\,;\quad 90 + \frac{c}{2}\,;\quad 270 - \frac{c}{2}\,;$$

$270 + \dfrac{c}{2}$ usw. und ihre Größe hat folgenden Wert:

$$e'_{\mathrm{max}} = -\,\omega\cdot w\cdot 10^{-8}\cdot\left(\frac{d\,\Phi_a{}'}{d\,\alpha}\right)_{\mathrm{max}} = \omega\cdot w\cdot 10^{-8}\cdot Z'\cdot \Phi'_{a_{\mathrm{max}}} =$$

$$= -\,\omega\cdot w\cdot 10^{-8}\cdot \Phi'_{a_{\mathrm{max}}}\cdot\left[a_1{}'\mathrm{Cos}\left(90^0 - \frac{c}{2} + 90^0\right) + \right.$$

$$\left. +\,3\,a_3'\,\mathrm{Cos}\,3\left(90^0 - \frac{c}{2} + 90^0\right) + 5\,a_5'\,\mathrm{Cos}\,5\left(90^0 - \frac{c}{2} + 90^0\right) + \ldots\right] =$$

$$= \omega\cdot w\cdot 10^{-8}\cdot \Phi'_{a_{\mathrm{max}}}\cdot\left[a_1'\,\mathrm{Cos}\,\frac{c}{2} + 3\,a_3'\,\mathrm{Cos}\,\frac{3\,c}{2} + 5\,a_5\cdot\mathrm{Cos}\,\frac{5\,c}{2} + \ldots\right]$$

und hieraus

$$Z' = \left(\frac{d\,\Phi_a}{d\,\alpha}\right)_{\mathrm{max}} : \Phi'_{a_{\mathrm{max}}} = -\left[a_1'\,\mathrm{Cos}\,\frac{c}{2} + 3\,a_3'\,\mathrm{Cos}\,\frac{3\,c}{2} + 5\,a_5'\,\mathrm{Cos}\,\frac{5\,c}{2} + \ldots\right].$$

Da das Maximum der elektromotorischen Kraft von den beiden Faktoren Z und $\Phi_{a_{max}}$ abhängt $[e_{max} = k \cdot Z \cdot \Phi_{a_{max}}]$, so kann man beim Vergleich von zwei Magnetos, die sich nur in der Konstruktion ihrer Polschuhe oder ihrer beweglichen Ankerteile unterscheiden, auf Grund der obigen Ausführungen leicht feststellen, daß der maximale Wert der induzierten elektromotorischen Kraft bei einem Magneto mit unsymmetrischen Polschuhen oder dann, wenn $\beta \neq \gamma$, stets kleiner ist. Das ergibt sich daraus, daß der Koeffizient Z' kleiner ist als Z, da in dem rechten Teil des Ausdruckes für Z' jedes Glied a die Faktoren $\mathrm{Cos}\dfrac{c}{2}$, $\mathrm{Cos}\dfrac{3\,c}{2}$, $\mathrm{Cos}\dfrac{5\,c}{2}$ usw. hat, die jedesmal kleiner sind als 1 und bei zunehmendem

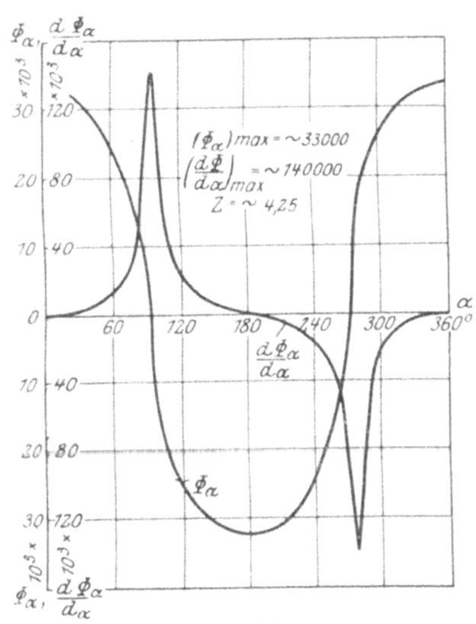

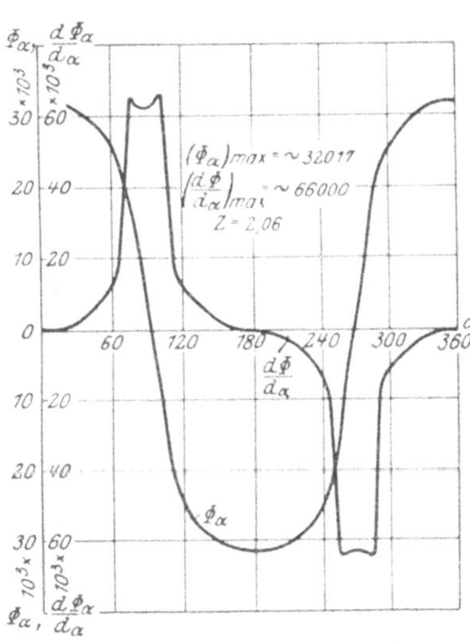

Abb. 38. Φ_a- und $\dfrac{d\,\Phi_a}{d\,\alpha}$-Kurven für den Fall, wenn $\beta = \gamma$.

Abb. 39. Φ_a- und $\dfrac{d\,\Phi_a}{d\,\alpha}$-Kurven für den Fall, wenn $\beta \neq \gamma$.

Winkel $c = \gamma - \beta$ abnehmen. Außerdem ist infolge des großen Streuungskoeffizienten bei dem Magneto mit Polschuhen, die Ansätze besitzen, $\Phi'_{a_{max}}$ noch kleiner als $\Phi_{a_{max}}$. Darin besteht die negative Seite der Konstruktion von überlappten Polschuhen, bei welchen in dem Magnetapparat eine Verlängerung der Wirkungsperiode der maximalen elektromotorischen Kräfte auf Kosten einer Verringerung ihrer absoluten Werte erzielt wird.

Gewöhnlich beträgt in den Hochspannungszündapparaten für Leichtexplosionsmotoren die Größe des magnetischen Kraftflusses, der durch den Anker hindurchgeht, 20 bis 30 Tausend Maxwell (Kraftlinien), und der Koeffizient Z schwankt von 4,5 bis 6. Bei den Magnetos, die Polschuhe mit Überlappungen besitzen, ist der Wert von Z' geringer; er beträgt ungefähr 2,5 bis 4.

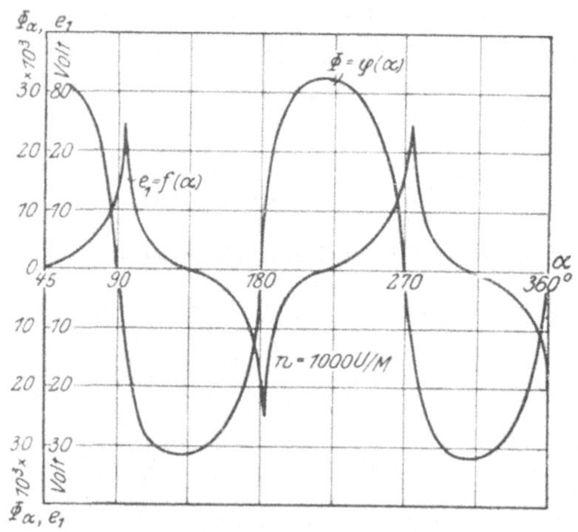

Abb. 40. Φ_a- und e_1-Kurven für den Bosch-Apparat, Type H.L. 8.

Auf der Tabelle 5 sind diese Koeffizienten für die untersuchten Magnetos dargestellt:

Tabelle 5.

Magnetos „Iskromet"			Bosch Z. H. 6	Dixie	Bosch H. L. 8
$\gamma = 90^0$	$\gamma = 122^0$	$\gamma = 1{\,}7^0$			
4,13	2,35	2,15	4,25	2,75	5,17

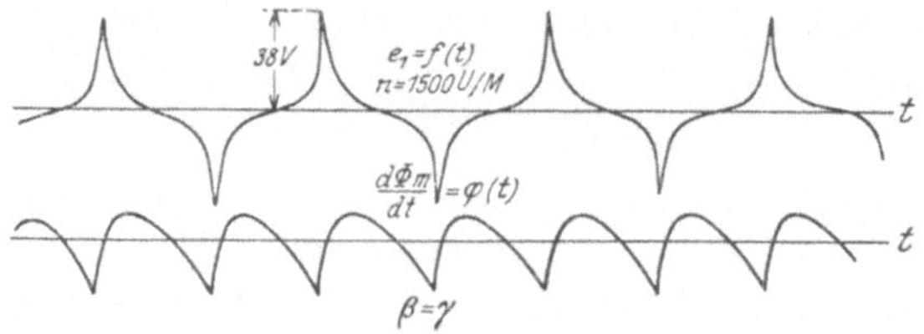

Abb. 41. Oszillogramme $e_1 = f(t)$ und $\dfrac{d\Phi_m}{dt} = \varphi(t)$ für den Bosch-Apparat mit normalen Polschuhen.

In Abb. 38 bis 46 sind die Kurven $\Phi_a = f(\alpha)$; $-\dfrac{d\Phi_a}{d\alpha} = \varphi(\alpha)$ und $e_1 = \psi(\alpha)$ für verschiedene Magnetos dargestellt, die mittels des ballistischen Galvanometers erhalten und mit Hilfe des Siemens-Blondelschen Oszillographen aufgenommen wurden.

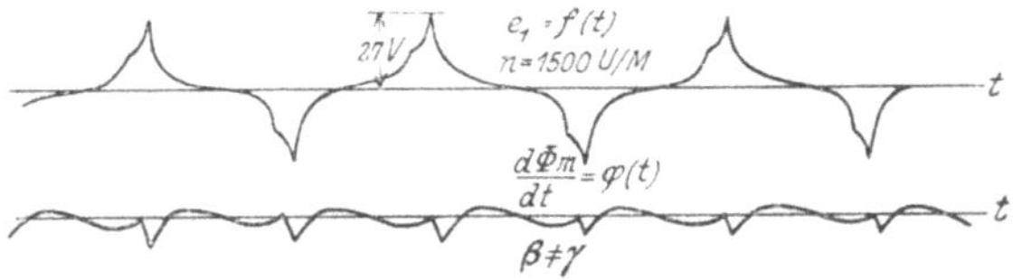

Abb. 42. Oszillogramme $c_1 = f(t)$ und $\dfrac{d\,\Phi_m}{d\,t} = \varphi(t)$ für den Bosch-Apparat mit überlappten Polschuhen.

Aus den Oszillogrammen für die Zündapparate „Iskromet" (Abb. 43 bis 45), welche fast den gleichen Maßstab haben, ist deutlich zu ersehen, wie das Vorhandensein von überlappten Polschuhen die

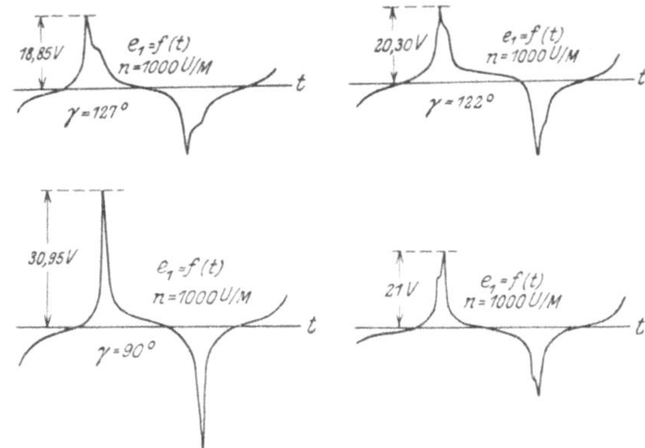

Abb. 43—46. Spannungs-Oszillogramme für die Iskromet- und Dixie-Apparate.

Amplitude der elektromotorischen Kräfte stark verringert, während die Periode der Maximalwerte derselben bedeutend verlängert wird.

In Abb. 41 und 42 sind auch die Kurven abgebildet, die die Veränderungsgeschwindigkeit des magnetischen Kraftflusses in den Stahlbogen darstellen, d. h.

Bei den Zündapparaten hat die primäre Wicklung gewöhnlich etwa 120 bis 200 Windungen und die sekundäre etwa 6000 bis 10000 bei einem Verhältnis von

$$\frac{w_2}{w_1} = \sim (40 - 60).$$

Auf diese Weise erreicht die maximale elektromotorische Kraft bei $n = 1000$ Umdr./Min. in der primären Ankerwicklung $e_1 = 20$ bis 40 Volt, in der sekundären Ankerwicklung $e_2 = 800$ bis 2500 Volt.

Abb. 47 bis 50 stellen die Diagramme für die Abhängigkeit der effektiven Werte der elektromotorischen Kraft der Ankerwicklungen

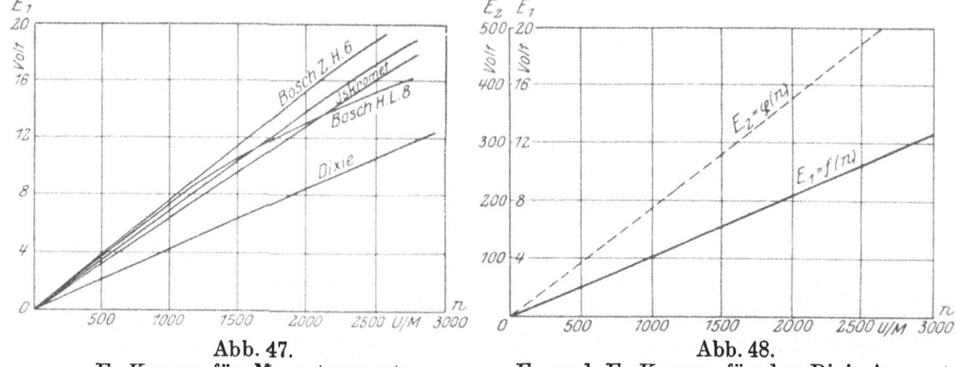

Abb. 47.
E_1-Kurven für Magnetapparate.

Abb. 48.
E_1- und E_2-Kurven für den Dixie-Apparat.

von der Rotationsgeschwindigkeit des beweglichen Systems der Magnetos dar. Diese Werte werden ausgedrückt durch die Formel:

$$E = f \cdot w \cdot \omega \cdot Z \cdot \Phi_{a_{\max}} \cdot 10^{-8} \text{ Volt,}$$

aus der zu ersehen ist, daß zwischen E und ω eine direkte Proportion bestehen muß. In der Tat, infolge der durch die Wirbelströme hervorgerufenen Ankerreaktion verändert die Kurve $E = f(n)$ mit der Zunahme der Rotationsgeschwindigkeit ihre Neigung und biegt

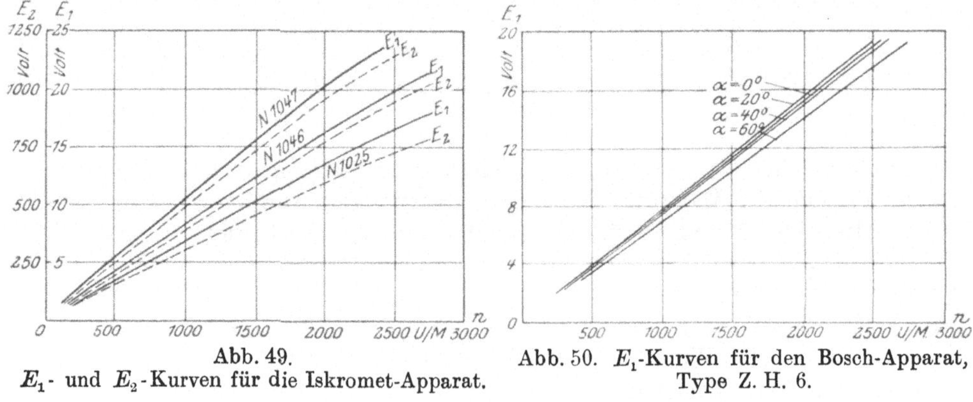

Abb. 49.
E_1- und E_2-Kurven für die Iskromet-Apparat.

Abb. 50. E_1-Kurven für den Bosch-Apparat,
Type Z. H. 6.

sich gegen die Abszissenachse. Zur Verringerung des Einflusses der Ankerreaktion und der Verluste, die durch parasitäre Ströme verursacht werden, setzt man den Anker aus Eisenblechen zusammen, dessen Stärke 0,3 bis 0,5 mm beträgt und dessen einzelne Teile voneinander mittels Papier isoliert sind.

Bei dem Magneto Bosch Type H. L. 8, wo die rotierenden Segmente aus konstruktiven Gründen aus einem Stück hergestellt werden, zeigt sich die Reaktion infolge der Wirbelströme (siehe Abb. 47) ziemlich stark.

Die dargestellten Diagramme zeigen auch, daß der größte Effektivwert der induzierten elektromotorischen Kräfte bei einem Magnetapparat erzielt werden, der eine symmetrische Form der Polschuhe aufweist (siehe Abb. 49).

Beim Magneto Bosch Type Z. H. 6 verändert sich die induzierte elektromotorische Kraft mit Verstellung der beweglichen Polteile.

Beim Zündapparat Dixie ist sowohl der Effektivwert, als auch der Maximalwert der elektromotorischen Kraft kleiner, als bei anderen Magnetos.

Kurzschluß.

Beim Kurzschluß der Primärwicklung während der Rotation des Ankers fließt infolge der induzierten elektromagnetischen Kraft e ein Wechselstrom, dessen Momentanwert i in jedem Zeitpunkt abhängt von dem Scheinwiderstand (Impedanz) des ganzen Primärstromkreises.

Bezeichnet man mit r_1 den Ohmschen Widerstand der primären Ankerwicklung und mit L_1 die Streuinduktivität derselben, dann ist in jedem beliebigen Moment die in der kurzgeschlossenen Ankerwicklung induzierte elektromotorische Kraft gleich der Summe des Ohmschen Spannungsabfalles und der elektromotorischen Gegenkraft von der Streuinduktion, d. h.

$$e_{1k} = -w_1 \cdot \frac{d\,\Phi_{ak}}{dt} \cdot 10^{-8} = i_1 \cdot r_1 + L_1 \cdot \frac{di_1}{dt}$$

oder

$$e_{1k} = -\omega \cdot w_1 \cdot \frac{d\,\Phi_{ak}}{dt} \cdot 10^{-8} = i_1 \cdot r_1 + L_1 \cdot \frac{di_1}{dt},$$

wobei man unter Φ_{ak} den magnetischen Kraftfluß des Ankerkerns versteht, der sich ganz anders ändert als bei Leerlauf des Magneto. Der magnetische Kraftfluß, der die kurzgeschlossene Ankerwicklung ebenso wie bei Leerlauf durchdringt, hängt ab von der magnetomotorischen Kraft des Ankerkreises $\mathfrak{M}$ und seines magnetischen Widerstandes $\mathfrak{R}_a$, d. i.

$$\Phi_{ak} = \mathfrak{M} : \mathfrak{R}_a .$$

Aber in diesem Falle ist die magneto-motorische Kraft $\mathfrak{M}$ das Resultat der gemeinsamen Wirkung zweier Faktore: der Differenz der magnetischen Potentialen P, die auf den Polschuhen vorhanden sind, und der Reaktion des Ankers $0{,}4\,\pi\cdot i_1\cdot w_1$, so daß

$$\mathfrak{M} = P + 0{,}4\,\pi\cdot i_1\cdot w_1 = H_d\cdot L + k\,w_1\cdot i_1 = \Phi_{ak}\cdot \mathfrak{R}_a.$$

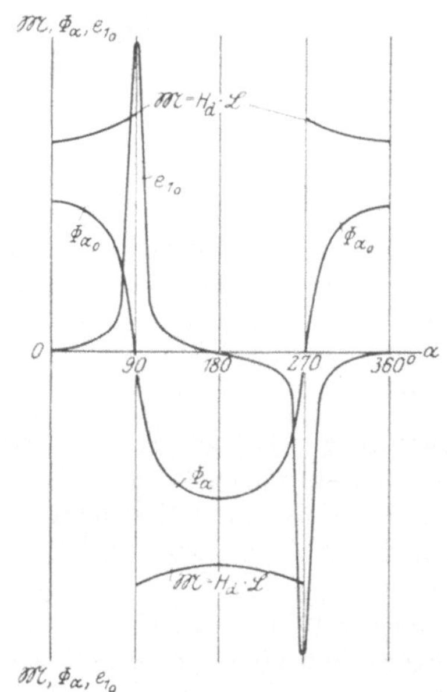

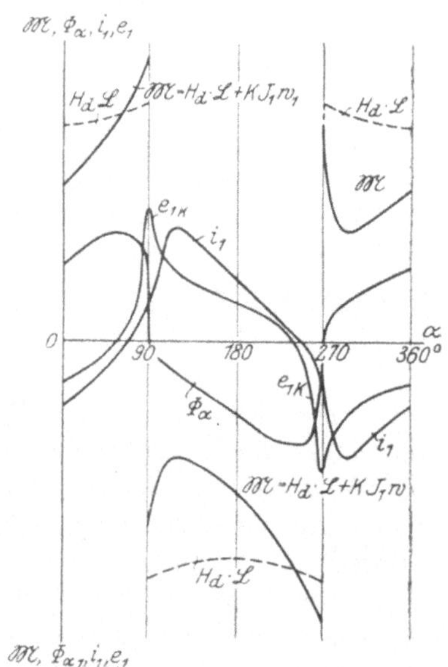

Abb. 51. $\mathfrak{M}$-, Φ_a-, e_1-Kurven bei Leerlauf.   Abb. 52. $\mathfrak{M}$-, Φ_a-, e_1- und i_1-Kurven bei Kurzschluß.

In Abb. 51 und 52 sind die Kurven der magneto-motorischen Kräfte, des magnetischen Kraftflusses usw. für den geöffneten Zustand und für den Kurzschluß der primären Wicklung ein und desselben Magneto abgebildet.

Da der Selbstinduktionskoeffizient L_1 nur klein ist, so kann man annehmen, daß die Stromstärke in der Wicklung ist

$$i_1 = \frac{e_1}{r_1} = -\frac{\omega\cdot w_1}{r_1}\cdot\frac{d\Phi_{ak}}{d\alpha}\cdot 10^{-8}.$$

Dann nimmt der Ausdruck für die magneto-motorischen Kräfte $\mathfrak{M}$ folgende Form an:

$$\mathfrak{M} = \Phi_{ak}\cdot\mathfrak{R}_a = H_d\cdot L - \frac{k\,w_1{}^2\cdot\omega\,\dfrac{d\Phi_{ak}}{d\alpha}\cdot 10^{-8}}{r_1} =$$

$$= H_d\cdot L - k_1\,\omega\cdot w_1\cdot\frac{d\Phi_{ak}}{d\alpha}\cdot 10^{-8},$$

hieraus:

$$e_{1k} = -\omega \cdot w_1 \cdot \frac{d\Phi_{ak}}{d\alpha} \cdot 10^{-8} = -\frac{H_d \cdot L - \Phi_{ak} \cdot \Re_a}{K_1},$$

wo K_1 den Ausdruck $\dfrac{K \cdot w_1}{r_1} = \dfrac{0{,}4\,\pi \cdot w_1}{r_1}$ bedeutet.

Gewöhnlich tritt das Maximum des Momentanwertes der elektromotorischen Kraft dann ein, wenn sich der magnetische Kraftfluß im Ankerkern am heftigsten ändert, und dies geschieht gewöhnlich bei dem Richtungswechsel; d. h. bei $\Phi_{ak} = 0$ erhält man $e_{1k} = (e_{1k})_{\max}$. Aus vorstehender Formel ist anzunehmen, daß

$$(e_{1k})_{\max} = -\omega \cdot w_1 \cdot \left(\frac{d\Phi_{nk}}{d\alpha}\right)_{\max} \cdot 10^{-8} = \sim -\frac{H_d \cdot L}{K_1} = \sim K \cdot r_1 = \sim \text{Const},$$

da sich H_d nur wenig ändert.

Daraus folgt, daß **die maximale elektromotorische Kraft, die in der kurzgeschlossenen primären Ankerwicklung induziert wird, bei verschiedenen Rotationsgeschwindig-**

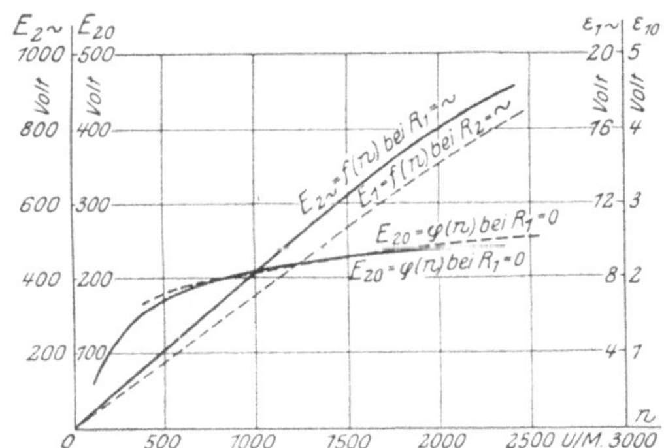

Abb. 53. E_1- und E_2-Kurven für den Iskromet-Apparat bei Leerlauf und Kurzschluß.

keiten des Magneto fast konstant ist und daß ihr Wert von dem Ohmschen Widerstand des Stromkreises abhängt. Je größer der Widerstand der primären Wicklung, desto geringer ist die Ankerreaktion und desto größer die induzierte elektromotorische Kraft.

Um die Richtigkeit dieser Schlußfolgerungen zu prüfen, wurden die effektiven Werte der elektromotorischen Kraft in der sekundären Wicklung bei geöffnetem und geschlossenem Zustand der primären Ankerwicklung in Abhängigkeit von der Rotationsgeschwindigkeit des Ankers auf empirischem Wege bestimmt.

Die Resultate dieser Versuche wurden in Tabelle 6 und in Abb 53 und 54 angeführt und zeigen deutlich, welch große Rolle die Reaktion des Stromes in der primären Ankerwicklung spielt.

Tabelle 6.

Benennung der Größen	Typen	Magneto „Iskromet"						Magneto „Dixie"					
	Umdr. in Min.	1000	1250	1500	1750	2000	2500	1000	1250	1500	1750	2000	2500
E_2 bei $R_1 = \infty$	Volt:	425	523	611	705	803	883	185	239	282	330	376	468
E_2 bei $R_1 = 0$	Volt:	213	220	227	231	237	240	92	94	93	92	91	89

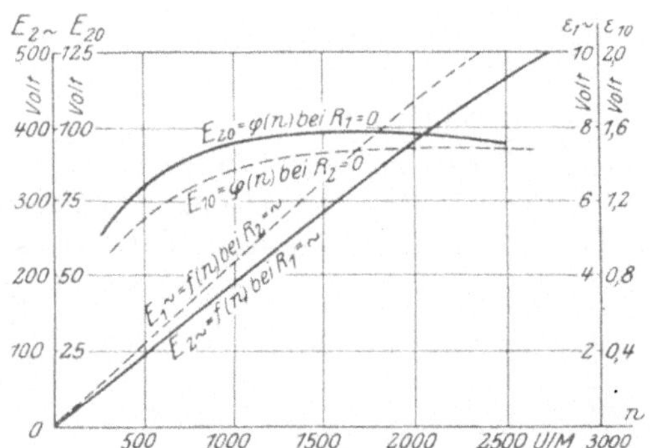

Abb. 54. E_1- und E_2-Kurven für den Dixie-Apparat bei Leerlauf und Kurzschluß.

Auf Grund der vorstehenden Schlußfolgerungen kann man auch zu dem Schluß gelangen, daß auch die Stromstärke beim Kurzschluß bei verschiedenen Rotationsgeschwindigkeiten fast konstant bleiben muß.

Um eine bessere Vorstellung von dem Charakter der Veränderung der elektromotorischen Kraft und der Stromstärke beim Kurzschluß zu bekommen, gehen wir folgendermaßen vor: Angenommen, daß für irgendeine Rotationsgeschwindigkeit des Magneto $\Phi_{ak} = f(\alpha)$ bekannt ist. Dann benutzen wir zur Bestimmung von $e_{1k} = \varphi(\alpha)$ und $i_1 = \psi(\alpha)$ die Zerlegung der Funktionen $\Phi_{ak} = f(\alpha)$ in eine Fouriersche Reihe. Wenn also

der magnetische Kraftfluß

$$\Phi_{ak} = f(\alpha) = \Phi_{ak_{max}} \cdot [c_1 \cdot \mathrm{Sin}\,(\alpha + 90^0) + c_3 \cdot \mathrm{Sin}\,3\,(\alpha + 90^0) +$$

$$+ c_5 \cdot \mathrm{Sin}\,5\,(\alpha + 90^0) + \ldots] + \Phi_{ak_{max}} \cdot [d_1 \cdot \mathrm{Cos}\,(\alpha + 90^0) +$$

$$+ d_3 \cdot \mathrm{Cos}\,3\,(\alpha + 90^0) + d_5\,\mathrm{Cos}\,5\,(\alpha + 90^0) + \ldots] =$$

$$= \Phi_{a k_{\max}} \cdot [c_1 \operatorname{Cos} \alpha + c_3 \operatorname{Cos} 3\,\alpha + c_5 \operatorname{Cos} 5\,\alpha + \ldots -$$

$$-d_1 \operatorname{Sin} \alpha - d_3 \operatorname{Sin} 3\,\alpha - d_5 \operatorname{Sin} 5\,\alpha - \ldots],$$

dann ist

die induzierte elektromotorische Kraft

$$e_{1k} = -\,\omega \cdot w_1 \cdot \frac{d\,\Phi_{ak}}{d\alpha} \cdot 10^{-8} = -\,\omega \cdot w_1 \cdot \Phi_{a k_{\max}} \cdot 10^{-8} \cdot$$

$$\cdot [-\,c_1 \operatorname{Sin} \alpha - 3\,c_3 \operatorname{Sin} 3\,\alpha - 5\,c_5 \operatorname{Sin} 5\,\alpha - \ldots] -$$

$$-\,\omega \cdot w_1 \cdot \Phi_{a k_{\max}} \cdot 10^{-8} [-\,d_1 \cdot \operatorname{Cos} \alpha - 3\,d_3 \cdot \operatorname{Cos} 3\,\alpha -$$

$$-\,5\,d_5 \cdot \operatorname{Cos} 5\,\alpha - \ldots] = +\,\omega \cdot w_1 \cdot \Phi_{a k_{\max}} \cdot 10^{-8} \cdot$$

$$\cdot [c_1 \operatorname{Sin} \alpha + 3\,c_3 \operatorname{Sin} 3\,\alpha + 5\,c_5 \operatorname{Sin} 5\,\alpha + \ldots +$$

$$+\,d_1 \operatorname{Cos} \alpha + 3\,d_3 \operatorname{Cos} 3\,\alpha + 5\,d_5 \operatorname{Cos} 5\,\alpha + \ldots].$$

Nach dem Superpositionsprinzip ist der Momentanwert der Stromstärke in der Wicklung gleich der Summe der momentanen Werte der Ströme, die durch die Wicklung jeder einzelnen Welle der elektromotorischen Kraft hervorgerufen werden, d. h.

$$i_1 = i_{(1)} + i_{(3)} + i_{(5)} + \ldots + i'_{(1)} + i'_{(3)} + i'_{(5)} + \ldots = \Sigma\, i_{(n)}.$$

Für unsern Fall nimmt der Momentanwert jeder Stromwelle folgenden Ausdruck an:

$$i_{(1)} = I_1 \cdot \operatorname{Sin} (\alpha - \varphi_1); \quad \text{wo} \quad I_1 = \omega \cdot w_1 \cdot \Phi_{a k_{\max}} \cdot 10^{-8} \cdot \frac{c_1}{\sqrt{r_1{}^2 + (\omega\,L_1)^2}}$$

und
$$\operatorname{tg} \varphi_1 = \frac{\omega\,L_1}{r_1},$$

$$i_{(3)} = I_3 \cdot \operatorname{Sin} (3\,\alpha - \varphi_3); \quad \text{wo} \quad I_3 = \omega \cdot w_1 \cdot \Phi_{a k_{\max}} \cdot 10^{-8} \cdot \frac{3\,c_3}{\sqrt{r_1{}^2 + (3\,\omega\,L_1)^2}}$$

und
$$\operatorname{tg} \varphi_3 = \frac{3\,\omega\,L_1}{r_1},$$

$$i_{(5)} = I_5 \cdot \operatorname{Sin} (5\,\alpha - \varphi_5); \quad \text{wo} \quad I_5 = \omega \cdot w_1 \cdot \Phi_{a k_{\max}} \cdot 10^{-8} \cdot \frac{5\,c_5}{\sqrt{r_1{}^2 + (5\,\omega\,L_1)^2}}$$

und
$$\operatorname{tg} \varphi_5 = \frac{5\,\omega\,L_1}{r_1}$$

$$\cdot \; \cdot \; \cdot \; \cdot \; \cdot \; \cdot \; \cdot \; \cdot \; \cdot \; \cdot \; \cdot \; \cdot \; \cdot \; \cdot \; \cdot \; \cdot \; \cdot \; \cdot$$

$$i'_{(1)} = I' \operatorname{Cos} (\alpha - \varphi_1); \quad \text{wo} \quad I'_1 = \omega \cdot w_1 \cdot \Phi_{a k_{\max}} \cdot 10^{-8} \cdot \frac{d_1}{\sqrt{r_1{}^2 + (\omega\,L_1)^2}}$$

und
$$\operatorname{tg}\varphi_1 = \frac{\omega L_1}{r_1},$$

$$i'_{(3)} = I' \operatorname{Cos}(3\alpha - \varphi_3); \quad \text{wo} \quad I'_3 = \omega \cdot w_1 \cdot \Phi_{a\,k_{max}} \cdot 10^{-8} \cdot \frac{3\,d_3}{\sqrt{r_1^2 + (3\,\omega\,L_1)^2}}$$

und
$$\operatorname{tg}\varphi_3 = \frac{3\,\omega L_1}{r_1},$$

$$i'_{(5)} = I' \operatorname{Cos}(5\alpha - \varphi_5); \quad \text{wo} \quad I'_5 = \omega \cdot w_1 \cdot \Phi_{a\,k_{max}} \cdot 10^{-8} \cdot \frac{5\,d_5}{\sqrt{r_1^2 + (5\,\omega\,L_1)^2}}$$

und
$$\operatorname{tg}\varphi_5 = \frac{5\,\omega L_1}{r_1}.$$

. . . .
. . . .

Entsprechend diesen Formeln ist die momentane Stromstärke gleich:

$$i_1 = \omega \cdot w_1 \cdot \Phi_{a\,k_{max}} \cdot 10^{-8} \cdot \left[\frac{c_1 \operatorname{Sin}(\alpha - \varphi_1) + d_1 \operatorname{Cos}(\alpha - \varphi_1)}{\sqrt{r_1^2 + (\omega L_1)^2}} + \right.$$

$$+ 3\,\frac{c_3 \operatorname{Sin}(3\alpha - \varphi_3) + d_3 \operatorname{Cos}(3\alpha - \varphi_3)}{\sqrt{r_1^2 + (3\,\omega L_1)^2}} +$$

$$\left. + 5\,\frac{c_5 \operatorname{Sin}(5\alpha - \varphi_5) + d_5 \operatorname{Cos}(5\alpha - \varphi_5)}{\sqrt{r_1^2 + (5\,\omega L_1)^2}} + \dots \right].$$

Bei geringer Rotationsgeschwindigkeit ist die Reaktanz
$$x_1 = \omega L_1 = \sim 0$$
und die Phasenverschiebung
$$\varphi_1 = \varphi_3 = \varphi_5 = \dots = \sim 0,$$
deshalb ist die Stromstärke

$$i_1 = \frac{\omega \cdot w_1}{r_1} \cdot \Phi_{a\,k_{max}} \cdot 10^{-8} \cdot \left[c_1 \operatorname{Sin}\alpha + d_1 \operatorname{Cos}\alpha + 3\,c_3 \operatorname{Sin} 3\alpha + \right.$$

$$\left. + 3\,d_3 \operatorname{Cos} 3\alpha + 5\,c_3 \operatorname{Sin} 5\alpha + 5\,d_5 \operatorname{Cos} 5\alpha + \dots \right].$$

Wenn man diese Formel mit dem Ausdruck für die elektromotorischen Kräfte vergleicht, dann sieht man, daß in diesem Fall die Stromstärke bei Kurzschluß mit der elektromotorischen Kraft in Phase ist und von dem Änderungscharakter letzterer abhängt.

Mit der Zunahme der Geschwindigkeit wächst die induktive Reaktanz der Ankerwicklung proportional mit der Geschwindigkeit. Infolgedessen hat sowohl die Grundwelle als auch jede höhere Har-

monische der Stromstärke eine Phasenverschiebung den ihnen entsprechenden Grund- und Oberwellen der elektromotorischen Kräfte,
gegenüber und diese Phasenverschiebung (Nacheilung) vergrößert
sich mit zunehmender Ord-
nung der Oberwelle.

Oben wurde erwähnt, daß
die elektromotorische Kraft,
die in der kurzgeschlossenen
Primärankerwicklung indu-
ziert wird, bei verschiedenen

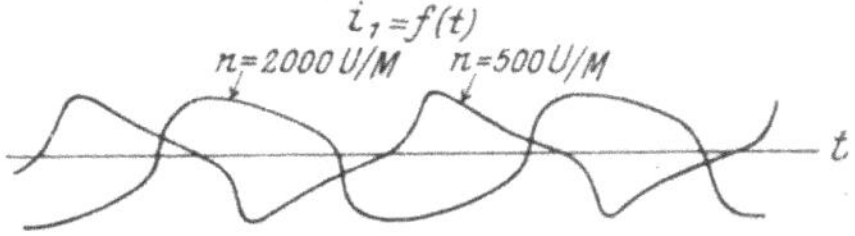

Abb. 55. Oszillogramme des Primärstromes
vom Dixie-Apparat.

Rotationsgeschwindigkeiten fast konstant bleibt. Deshalb verkleinern
sich die Amplituden der höheren Harmonischen (angefangen von
der 3-ten Oberwelle) des Stromes infolge der Vergrößerung des scheinbaren Widerstandes bei größerer Geschwindigkeit sehr stark. Auf
diese Weise nähert sich bei größeren Geschwindigkeiten die Stromkurve der Sinuslinie, und ihre spitze Form, die den geringen Geschwindigkeiten entspricht, geht bei einer Vergrößerung der Umdrehungszahl des Ankers in eine Kurve über, wie dies in den Oszillogrammen in Abb. 55 gezeigt ist, und die Funktion drückt sich
analytisch folgendermaßen aus:

$$i_1 = \sim \omega \cdot w_1 \cdot \Phi_{ak_{max}} \cdot 10^{-8} \left[\frac{c_1 \cdot \mathrm{Sin}\,(\alpha - \varphi) + d_1 \mathrm{Cos}\,(\alpha - \varphi)}{\sqrt{r_1^2 + (\omega L_1)^2}} \right] =$$

$$- \sim' \frac{\mathrm{Const.}}{\sqrt{r_1^2 + (\omega L_1)^2}}, \quad \mathrm{wo} \quad \varphi = \mathrm{arctg}\, \frac{\omega L_1}{r_1}.$$

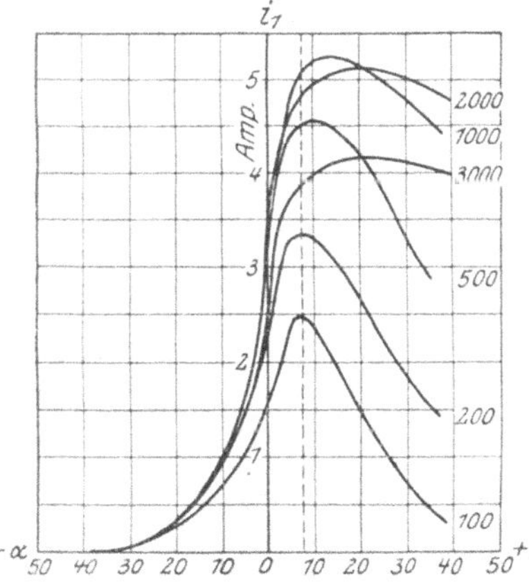

Abb. 56. Oszillogramme des Primärstromes
vom Bosch-Apparat, Type H. L. 8.

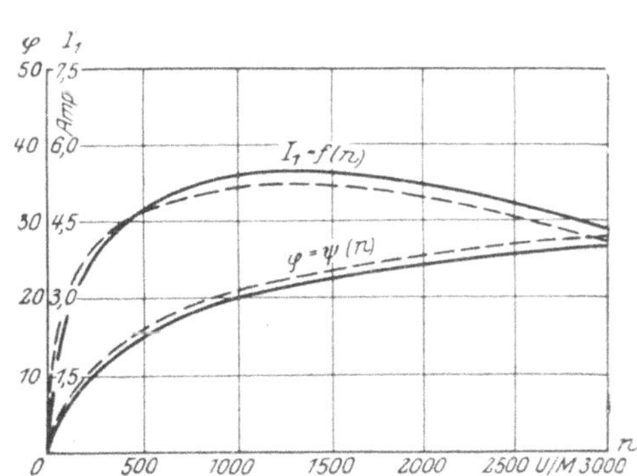

Abb. 57. Bosch-Apparat, Type H. L. 8. Veränderung I_1 u. φ von der Geschwindigkeit n.

Aus der letzten Formel ist zu erkennen, daß infolge der Zunahme des scheinbaren Widerstandes $z_1 = \sqrt{r_1{}^2 + (\omega L_1)^2}$ die Stromstärke des Kurzschlusses bei größeren Geschwindigkeiten nicht nur konstant bleibt, sondern auch abnehmen kann.

Alle angeführten Schlußfolgerungen werden durch Versuche bestätigt. In Abb. 56 sind einige Kurven der Stromstärken des Kurzschlusses für verschiedene Rotationsgeschwindigkeiten dargestellt, und in Abb. 57 ist die Veränderung des Wertes und die Phasenverschiebung der Amplitude des Kurzschlußstromes in Abhängigkeit von der Umdrehungszahl des Ankers gezeigt. Die Nacheilung des Maximalwertes der Stromstärke ist bei dem Magneto eine unliebsame Erscheinung, weil man bei zunehmender Rotationsgeschwindigkeit des Motors eine Frühzündung braucht; und damit die Funkenstärke bei großer Frühzündung nicht geringer ist, ist es notwendig, daß die Maxima der Momentanwerte des Kurzschlußstromes, bei deren Auftreten die Unterbrechung der primären Ankerwicklung wünschenswert ist, sich nicht in der Richtung des rotierenden Ankers, sondern entgegengesetzt verschieben.

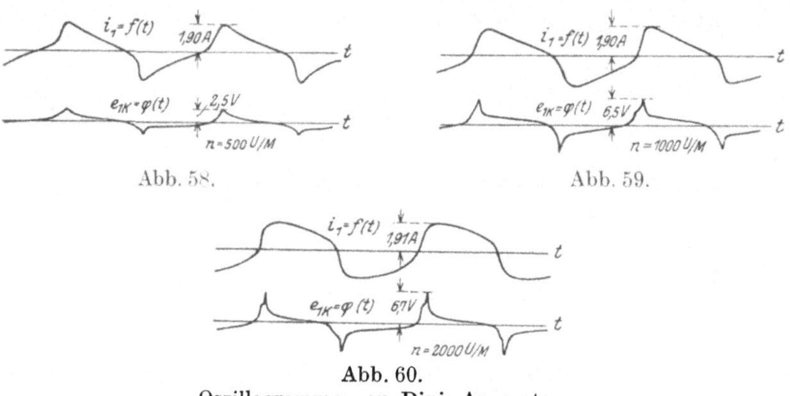

Abb. 58.   Abb. 59.

Abb. 60.

Oszillogramme von Dixie-Apparaten.

In Abb. 58 bis 65 sind die Oszillogramme des Primärstromes dargestellt, welche zeigen, daß

1. bei Zunahme großer Rotationsgeschwindigkeiten die elektromotorische Kraft und die Stromstärke im kurzgeschlossenen Primärkreise fast konstant bleibt.

2. beim Vorhandensein von Polschuhen mit Überlappungen die Stromkurve eine abgestumpfte Form (siehe Abb. 62 und 63) hat, auch bei kleinen Geschwindigkeiten bis 500—700 Umdr./Min.

3. Bei großen Geschwindigkeiten unterscheiden sich die Formen der Stromkurven für verschiedene Magnetos sehr wenig voneinander,

aber die Amplituden dieser Kurven sind von der Type des Zündapparates und der Polschuhform desselben abhängig.

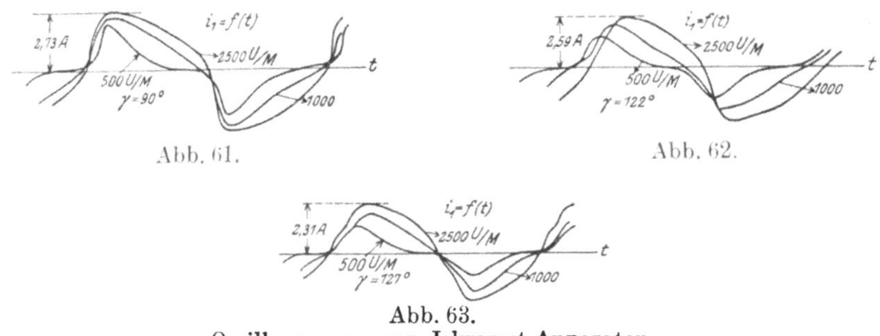

Abb. 61.

Abb. 62.

Abb. 63.
Oszillogramme von Iskromet-Apparaten.

4. Bei Magnetos, deren Polschuhe Überlappungen besitzen, der Kurzschlußstrom verschiedene Halbperioden (siehe Abb. 65) hat, was bei jeder halben Umdrehung des Ankers Ungleichheit der Funkenstärke hervorrufen kann.

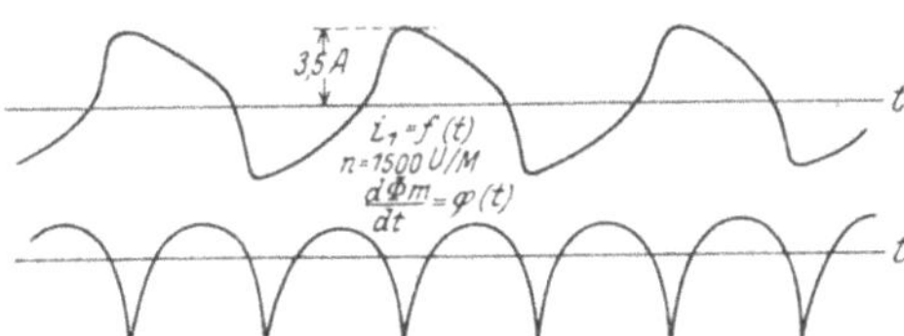

Abb. 64. Oszillogramme vom Bosch-Apparat, Type H. L. 8.

Die Abhängigkeit der Amplitude des Primärstromes von der Polkonstruktion des Zündapparates kann man deutlich auf Tabelle 7 ersehen.

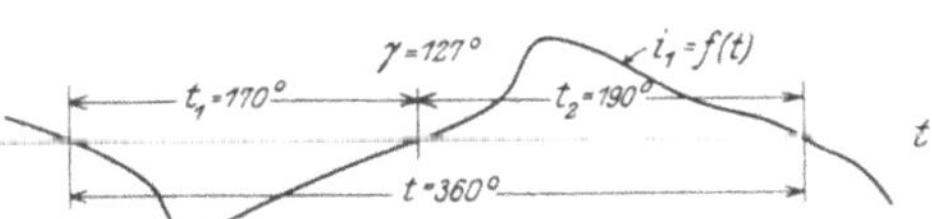

Abb. 65. Oszillogramm des Primärstromes vom Magnetapparat
mit überlappten Polschuhen.

Tabelle 7.

Amplitudenwerte des Primärstromes für Magnetos „Iskromet".

γ	500 Umdr./Min.	1000 Umdr./Min.	2500 Umdr./Min.
90°	1,285 A	1,925 A	2,310 A
122°	1,509 A	2,320 A	2,590 A
127°	2,125 A	2,620 A	2,730 A

In Abb. 66 bis 68 sind die Messungsergebnisse des Effektivwertes des Kurzschlußstromes für verschiedene Magnetos angegeben.

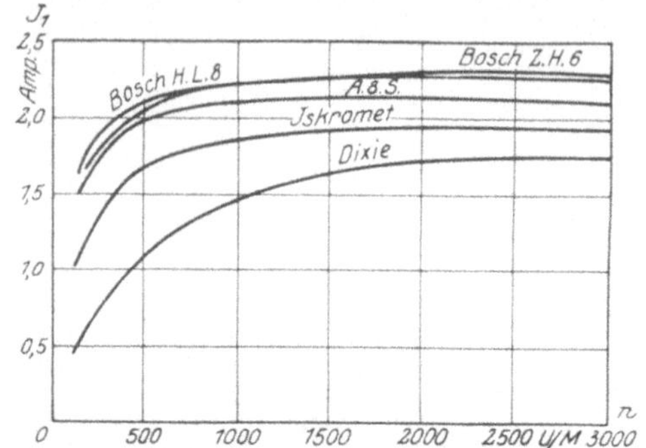

Abb. 66. Effektivwerte der Primärstromstärken.

Aus ihnen ist ersichtlich, daß auch die effektive Stromstärke bei großer Rotationsgeschwindigkeit des Magneto sich nur wenig verändert.

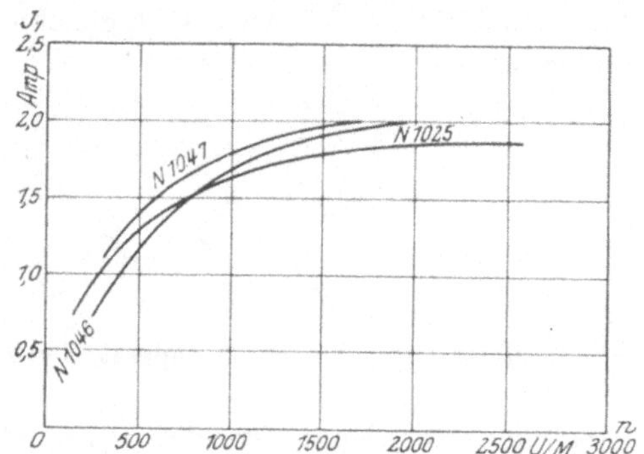

Abb. 67. Effektivwerte der Primärstromstärken von Iskromet-Apparaten.

Diese Diagramme zeigen auch den Einfluß der Polschuhform, der Verstellung der beweglichen Polteile auf den Effektivwert des Primärstromes.

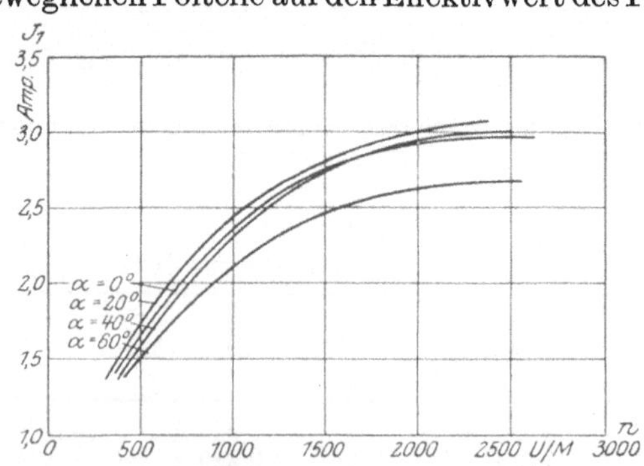

Abb. 68. Effektivwerte der Primärstromstärken vom Bosch-Apparat, Type Z.H. 6.

3. Der Arbeitsprozeß des Hochspannungsmagneto.

Die Funkenbildung im Hochspannungszündapparat erfolgt beim Stromunterbrechen in der primären Ankerwicklung.

Beim Öffnen der Kontakte des Unterbrechers verschwindet der Strom in der Ankerwicklung sehr rasch, und demzufolge entsteht eine heftige Änderung des magnetischen Kraftflusses im Ankerkern.

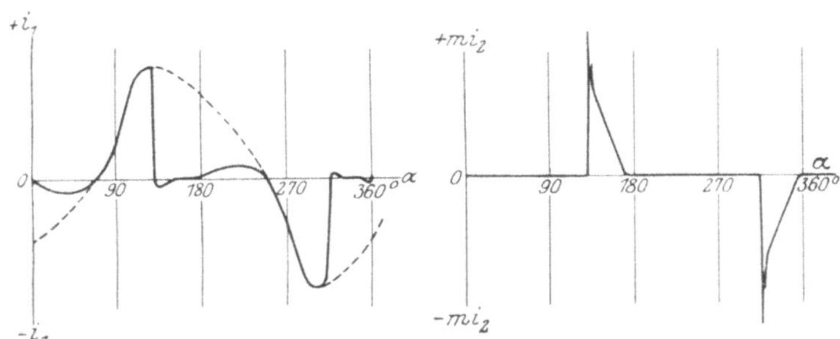

Abb. 69. Kurven des Primär- und Sekundärstromes beim Arbeitsprozeß.

Diese ruft in der sekundären Wicklung eine solche Erhöhung der Spannung hervor, daß zwischen den Elektroden des Entladers oder der Kerze ein Funke entsteht. Infolge der Ionisierung vergrößert sich die Leitfähigkeit der Gasstrecke bedeutend, und der Funke geht in einen Lichtbogen über, der eine gewisse Zeitlang durch die sich allmählich verringernde Spannung bei den Elektroden unterhalten wird.

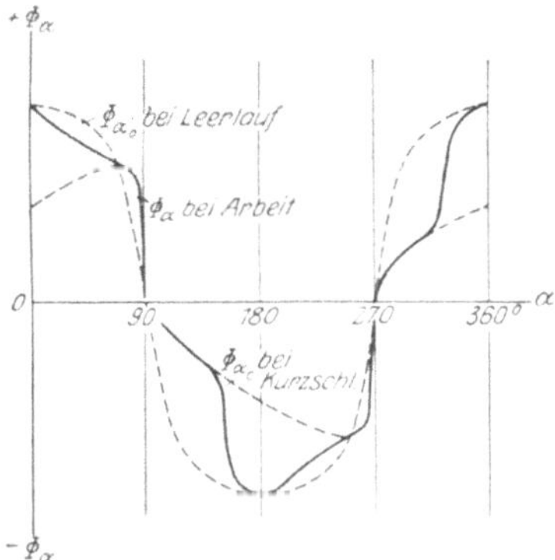

Abb. 70. Veränderung des Kraftflusses im Ankerkern.

Dieser Prozeß ist schematisch in Abb. 69 und 70 dargestellt, wobei in Abb. 69 die Kurven der Veränderung der Stromstärken in der primären und der sekundären Wicklung und in Abb. 70 die Kurven der Veränderung des magnetischen Kraftflusses im Ankerkern dargestellt sind.

Zur Untersuchung aller Erscheinungen während des Arbeitsprozesses sind in Abb. 71 schematisch die elektrischen Stromkreise des Magnetapparates dargestellt. Zuerst betrachten wir die Erscheinungen in der primären Wicklung beim Öffnen der Kontakte, wenn der Elektrodenabstand im sekundären Kreis sehr groß ist.

Da sich die Primär- und Sekundärwicklung auf ein und demselben Ankerkern befinden, so kann man, im magnetischen Sinne, annehmen, daß diese Wicklungen eine starre Kopplung haben. Bei kurzge-

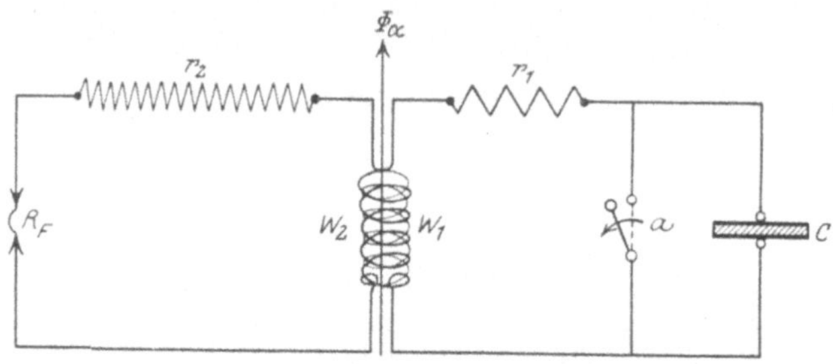

Abb. 71. Schema der Stromkreise.

schlossenen Kontakten drückt sich die Abhängigkeit zwischen der Stromstärke, der elektromotorischen Kraft und den Widerstands- und Reaktanz-Spannungen, wie bekannt, in folgender Formel aus:

$$e = i_1 \cdot r_1 + L_1 \cdot \frac{d i_1}{dt} = - w_1 \cdot \frac{d \Phi}{dt} \cdot 10^{-8}.$$

Bei dem momentanen Öffnen der Kontakte ist die von der heftigen Veränderung des magnetischen Kraftflusses im Anker induzierte elektromotorische Kraft gleich der Summe des Ohmschen Spannungsabfalles $i_{1a} \cdot r_1$, der sich ergibt infolge des Ausgleichstromes i_{1a} durch die Wicklung, der gegenelektromotorischen Kraft der Streuinduktion $L_1 \cdot \frac{d i_{1a}}{dt}$ und der Spannung zwischen den Klemmen des Kondensators p_c, d. i.

$$- w_1 \cdot \frac{d \Phi_a}{dt} \cdot 10^{-8} = i_{1a} r_1 + L_1 \cdot \frac{d i_{1a}}{dt} + \frac{1}{C} \int_0^t i_{1a} \cdot dt =$$

$$= i_{1a} \cdot r_1 + L_1 \cdot \frac{d i_{1a}}{dt} + p_c$$

oder

$$i_{1a} r_1 + L_1 \cdot \frac{d i_{1a}}{dt} + \frac{1}{C} \int_0^t i_{1a} \cdot dt + w_1 \cdot \frac{d \Phi_a}{dt} \cdot 10^{-8} = 0.$$

Das Verhältnis zwischen der Stromstärke i_{1a} und dem magnetischen Kraftfluß ist leicht zu bestimmen, wenn man berücksichtigt, daß während der Unterbrechung des Stromes der magnetische Kraftfluß im Ankerkern infolge der Differenz der magnetischen Potentiale an den Polschuhen und der magnetmotorischen Kraft entsteht, die durch den Strom bei seinem Durchgang durch die Ankerwicklung verursacht wird, oder

$$P = H_a \cdot L = \Phi_a \cdot \Re_a - k i_{1a} \cdot w_1 \,.$$

Da das Verschwinden des Ausgleichstromes plötzlich geschieht, so kann man annehmen, daß die Rotation des Ankers den gesamten Prozeß nicht beeinflußt und daß der magnetische Widerstand des Ankers $\Re_a$ und die Differenz der magnetischen Potentiale $H_a \cdot L$ in dieser Zeit konstant bleiben. Auf Grund dessen ist

$$dP = d(\Phi_a \cdot \Re_a) - d(k \cdot i_{1a} \cdot w_1) = \Re_a \cdot d\Phi_a - k \cdot w_1 \cdot di_{1a} = 0$$

und hieraus

$$d\Phi_a = k \frac{w_1}{\Re_a} \cdot di_{1a}$$

und

$$\frac{d\Phi_a}{dt} = k \cdot \frac{w_1}{\Re_a} \cdot \frac{di_{1a}}{dt} = k_1 \cdot w_1 \cdot \frac{di_{1a}}{dt} \,,$$

wo $\Re_a$ magnetischer Widerstand des Ankersystems ist.

Somit ändert sich der Ausdruck für den Prozeß der Stromunterbrechung folgendermaßen:

$$i_{1a} r_1 + L_1 \frac{di_{1a}}{dt} + \frac{1}{C} \int_0^t i_{1a} \cdot dt + w_1 \cdot \frac{d\Phi_a}{dt} \cdot 10^{-8} =$$

$$= i_{1a} \cdot r_1 + (L_1 + k_1 \cdot w_1^2 \cdot 10^{-8}) \frac{di_{1a}}{dt} + + \frac{1}{C} \int_0^t i_{1a} \cdot dt =$$

$$= i_{1a} \cdot r_1 + L' \frac{di_{1a}}{dt} + \frac{1}{C} \int_0^t i_{1a} \cdot dt = 0 \,,$$

wo

$$L' = k_1 w_1^2 + L_1 \,.$$

Bei Differenzierung dieser Gleichung erhält man:

$$\frac{di_{1a}}{dt} \cdot r_1 + L' \frac{d^2 i_{1a}}{dt^2} + \frac{i_{1a}}{C} = 0 \quad \text{oder} \quad \frac{d^2 i_{1a}}{dt^2} + \frac{r_1}{L'} \cdot \frac{di_{1a}}{dt} + \frac{i_{1a}}{L' C} = 0 \,.$$

Außerdem ist bekannt, daß

$$i_{1a} = \frac{dQ}{dt} = \frac{d(C \cdot p_c)}{dt} = C \frac{dp_c}{dt} \quad \text{und} \quad \frac{di_{1a}}{dt} = C \frac{d^2 p_c}{dt} \,,$$

wo mit Q die Strommenge bezeichnet wird, mit der der Kondensator von der Kapazität C geladen ist.

Wenn man in der letzten Differentialgleichung zweiter Ordnung i_{1a} mit p_c vertauscht, so erhält man:

$$\frac{d^2 p_c}{dt^2} + \frac{r_1}{L'} \cdot \frac{dp_c}{dt} + \frac{dp_c}{L'C} = 0,$$

eine Gleichung zur Bestimmung der Spannungen an den Klemmen des Kondensators.

Die Lösung sowohl dieser als auch der vorhergehenden Differentialgleichungen gibt folgende Resultate:

$$i_{1a} = A \cdot e^{x_1 t} + B \cdot e^{x_2 t}$$

und

$$p_c = M \cdot e^{x_1 t} + N \cdot e^{x_2 t},$$

wo e die Basis der natürlichen Logarithmen, x_1, x_2 die Wurzeln der quadratischen Gleichung $x^2 + \dfrac{r_1}{L'} + \dfrac{1}{L'C} = 0$ darstellt, d. h.

$$x_1 = -\frac{r_1}{2L'} + \sqrt{\frac{r_1^2}{4L'^2} - \frac{1}{L'C}}$$

$$x_2 = -\frac{r_1}{2L'} - \sqrt{\frac{r_1^2}{4L'^2} - \frac{1}{L'C}}$$

und A und B, M und N die Integrationskonstanten, die von den Anfangs- und Endwerten von i_{1a} und p_c abhängen.

Zur Bestimmung der Koeffizienten A und B gehen wir folgendermaßen vor: Bei $t = 0$, d. h. zu Beginn des Öffnens der Kontakte, ist die Stromstärke i_{1a} gleich der Stärke des Kurzschlußstromes im Moment der Unterbrechung, d. h.

$$i_{1a} = i_{1b} = A \cdot e^{x_1 \cdot 0} + B \cdot e^{x_2 \cdot 0} = A + B.$$

Außerdem ist die Größe $\dfrac{di_{1a}}{dt}$ bei $t = 0$ gleich

$$\frac{di_{1a}}{dt} = A \cdot x_1 \cdot e^{x_1 t} + B \cdot x_2 \cdot e^{x_2 t} = A \cdot x_1 + B \cdot x_2 = -\frac{r_1}{L'} \cdot i_{1b},$$

da aus der Gleichung $i_{1a} \cdot r_1 + L' \dfrac{di_{1a}}{dt} + p_c = 0$ folgt, daß beim Beginn der Unterbrechung $p_c = 0$; $i_{1a} = i_{1b}$ und deshalb $L' \dfrac{di_{1a}}{dt} = i_{1b} \cdot r_1.$

Auf Grund dieser Werte finden wir:

$$A = i_{1b} - B;$$

$$\frac{i_{1b} \cdot r_1}{L'} = i_{1b} \cdot x_1 - B \cdot x_1 + B \cdot x_2 = i_{1b} \cdot x_1 - B(x_1 - x_2),$$

von hier

$$A = i_{1b} - B = \frac{i_{1b}(x_1 - x_2) + x_2 i_{1b}}{x_1 - x_2} = \frac{x_1}{x_1 - x_2} \cdot i_{1b},$$

$$B = \frac{i_{1b} x_1 + \dfrac{i_{1b} \cdot r_1}{L'}}{x_1 - x_2} = \frac{i_{1b}}{x_1 - x_2} \cdot \left(x_1 + \frac{r_1}{L'}\right) = -\frac{x_2}{x_1 - x_2} \cdot i_{1b}.$$

Ebenso leicht findet man die Werte der Koeffizienten M und N in der zweiten Differentialgleichung; bei $t = 0$ ist die Kondensatorspannung in der Tat gleich Null, d. h.

$$p_c = 0 = M \cdot e^{x_1 \cdot 0} + N \cdot e^{x_2 \cdot 0} = M + N,$$

$$M = -N,$$

außerdem ist bei $t = 0$

$$i_{1a} = \frac{dQ}{dt} = C \frac{dp_c}{dt} = i_{1b}$$

und

$$C \frac{dp_c}{dt} = C \cdot M \cdot x_1 \cdot e^{x_1 \cdot 0} + C \cdot N \cdot x_2 \cdot e^{x_2 \cdot 0} = C(Mx_1 + Nx_2) = i_{1b}.$$

Infolgedessen erhält man

$$i_{1b} = C \cdot M(x_1 - x_2); \qquad M = \frac{i_{1b}}{(x_1 - x_2) \cdot C}$$

und

$$N = -M = -\frac{i_{1b}}{(x_1 - x_2) \cdot C}.$$

Die Gleichungen für i_{1a} und p_c nehmen schließlich folgende Formen an:

$$i_{1a} = A \cdot e^{x_1 t} + B \cdot e^{x_2 t} = \frac{i_{1b}}{x_1 - x_2} \cdot [x_1 \cdot e^{x_1 t} - x_2 \cdot e^{x_2 t}];$$

$$p_c = M \cdot e^{x_1 t} + N \cdot e^{x_2 t} = \frac{i_{1b}}{C(x_1 - x_2)} \cdot [e^{x_1 t} - e^{x_2 t}].$$

Der Charakter der Änderung von i_{1a} und p_c hängt davon ab, ob die Wurzeln x_1 und x_2 reelle oder imaginäre Größen sind.

Bei Hochspannungszündapparaten ist der Widerstand der Primärwicklung 0,5 bis 1,2 Ohm, die Selbstinduktion L' schwankt zwischen 0,008 bis 0,012 Henry, und die Kapazität des Kondensators wird entsprechend der Type des Magneto von 0,05 bis 0,20 Mikrofarad gewählt. Bei diesen Werten werden die Wurzeln x_1 und x_2 imaginär, und daraus folgt, daß man in der Primärwicklung während des Prozesses des Öffnens einen oszillierenden Strom beobachtet.

Bezeichnen wir

$$j = \sqrt{-1}; \quad \alpha = \frac{r_1}{2\,L'}; \quad \omega' = \sqrt{\frac{1}{L'\,C} - \frac{r_1^{\,2}}{4\,L'^{\,2}}},$$

dann ist

$$x_1 = -\frac{r_1}{2\,L'} + \sqrt{\left(\frac{1}{L'\,C} - \frac{r_1^{\,2}}{4\,L'^{\,2}}\right) \cdot -1} = -\alpha_1 + \omega\,j,$$

$$x_2 = -\frac{r_1}{2\,L'} - \sqrt{\left(\frac{1}{L'\,C} - \frac{r_1^{\,2}}{4\,L'^{\,2}}\right) \cdot -1} = -\alpha_1 - \omega\,j.$$

Wenn man diese Bezeichnungen in die Ausdrücke für die Stromstärke $i_{1\,a}$ und die Spannung p_c einführt, so findet man:

$$i_{1\,a} = \frac{i_{1\,b}}{2\,\omega_1 \cdot j}\left[(-\alpha_1 + \omega_1\,j) \cdot e^{(-\alpha_1 + \omega_1\,j)\,t} - (-\alpha_1 - \omega_1\,j) \cdot e^{(-\alpha_1 - \omega_2\,j)\,t} =\right.$$

$$= i_{1\,b} \cdot e^{-\alpha_1 t}\left[\mathrm{Cos}\,(\omega_1\,t) - \frac{\alpha_1}{\omega_1} \cdot \mathrm{Sin}\,(\omega_1\,t)\right];$$

$$p_c = \frac{i_{1\,b}}{C\,(x_1 - x_2)} \cdot \left[e^{x_1 t} - e^{x_2 t}\right] = \frac{1}{C \cdot 2\,\omega_1 \cdot j} =$$

$$= \frac{1}{C \cdot 2\,\omega_1 \cdot j} \cdot e^{-x_1 t}\left[e^{\omega_1 \cdot j \cdot t} - e^{-\omega_1 \cdot j \cdot t}\right] = \frac{i_{1\,b}}{C\,\omega_1} \cdot e^{-\alpha_1 t} \cdot \mathrm{Sin}\,(\omega_1\,t).$$

Aus den angeführten Formeln folgt, daß der Ausgleichstrom und die Spannung beim Kondensator gedämpfte Schwingungen stets abnehmender Amplitude ausführen, wobei zwischen der Spannung und Stromstärke eine Phasenverschiebung vorhanden ist. Die Eigenschwingungszahl beträgt:

$$f_1 = \frac{1}{T} = \frac{\omega_1}{2\,\pi} = \frac{1}{2\,\pi} \cdot \sqrt{\frac{1}{L'\,C} - \frac{r_1^{\,2}}{4\,L'^{\,2}}}.$$

Der Dämpfungsgrad wird gewöhnlich charakterisiert durch das logarythmische Dekrement $\varDelta$, das in diesem Fall gleich ist:

$$\varDelta = \frac{r_1 \cdot \pi}{\omega_1 \cdot L'} = \frac{r_1 \cdot \pi}{L'\,\sqrt{\dfrac{1}{L'\,C} - \dfrac{r_1^{\,2}}{4\,L'^{\,2}}}} = \sim \frac{r_1 \cdot \pi}{\sqrt{\dfrac{L'}{C}}}.$$

Aus dem letzten Verhältnis folgt, daß die Dämpfung um so geringer, je kleiner der Widerstand der Ankerwicklung und die Kapazität des Kondensators und je größer die Selbstinduktion L'.

Die maximale Spannung p_c bekommt man im Moment

$$t_m = \frac{1}{\omega} \operatorname{arctg} \frac{\omega_1}{\alpha_1}$$

und ihre Größe wird dann:

$$p_{c_{\max}} = \frac{i_{1b}}{C\,\omega_1} \cdot e^{-\frac{\alpha_1}{\omega_1} \cdot \operatorname{arctg} \frac{\omega_1}{\alpha_1}} \cdot \operatorname{Sin}\left(\omega_1 \cdot \frac{1}{\omega_1} \cdot \operatorname{arctg} \frac{\omega_1}{\alpha_1}\right) =$$

$$= i_{1b} \cdot e^{-\frac{\alpha_1}{\omega_1} \cdot \operatorname{arctg} \frac{\omega_1}{\alpha_1}} \cdot \sqrt{\frac{L'}{C}},$$

da

$$\operatorname{Sin}(\omega_1 \cdot t_m) = \frac{\operatorname{tg}(\omega_1 \cdot t_m)}{\sqrt{1 + \operatorname{tg}^2(\omega_1 \cdot t_m)}} = \frac{\omega_1}{\sqrt{\omega_1{}^2 + \alpha_1{}^2}} = \omega_1 \cdot \sqrt{L'C}.$$

Beim Durchgang des Ausgleichstromes durch die primäre Wicklung wird in der sekundären eine elektromotorische Kraft induziert, die nach folgender Formel bestimmt werden kann:

$$e_2 = i_2 \cdot r_2 + L_2 \frac{d i_2}{dt} + M \frac{d i_{1a}}{dt} + \frac{1}{C_2} \int_0^t i_2\, dt,$$

wo $r_2 =$ Ohmscher Widerstand der sekundären Wicklung,

$L_2 =$ Selbstinduktion des Sekundärkreises,

$M =$ Koeffizient der gegenseitigen Induktion,

$i_2 =$ Stromstärke in der sekundären. Wicklung,

$C_2 =$ Kapazität der Wicklung und der Elektroden der Funkenstrecke.

Bei starrer Kopplung der Primär-Sekundär-Wicklungen ist:

$$L' : L_2 = w_1{}^2 : w_2{}^2 \quad \text{und} \quad M = \sqrt{L' \cdot L_2} = \frac{\omega_2}{\omega_1} \cdot L' = \frac{\omega_1}{\omega_2} \cdot L_2.$$

Falls in der sekundären Wicklung keine Entladung ist, kann man den Ladestrom der Wicklungskapazität vernachlässigen, und dann ist die in ihr nach Öffnung der Kontakte hervorgerufene elektromotorische Kraft:

$$e_2 = M \frac{d i_{1a}}{dt} = \frac{w_2}{w_1} \cdot L' \cdot \frac{d i_{1a}}{dt};$$

da aber

$$L'\frac{di_{1a}}{dt} = -(p_c + i_{1a} \cdot r_1) = \sim - p_c,$$

so ist

$$e_2 = \sim - \frac{w_2}{w_1} \cdot p_c,$$

d. h. die in der sekundären Wicklung beim Öffnen der Kontakte induzierte elektromotorische Kraft ist proportional der Kondensatorspannung.

Bei Hochspannungszündapparaten ist anzustreben, daß in der sekundären Wicklung eine möglichst große elektromotorische Kraft induziert wird. Der Ausdruck für die maximale Kondensatorspannung

$$p_{c\,\mathrm{max}} = \frac{i_{1b}}{C} \cdot e^{-\frac{a_1}{\omega_1} \cdot \mathrm{arc\,tg}\,\frac{a_1}{\omega_1}} \cdot \sqrt{\frac{L'}{C}}$$

zeigt, daß die Größe mit abnehmender Kapazität des Kondensators C zunimmt. Man sollte annehmen, daß bei $C = 0$ die größte Spannung auf den Wicklungsenden erhalten wird (theoretisch bis ∞). Aber beim Fehlen des Kondensators tritt eine höchst unerwünschte Erscheinung auf; die Funkenbildung an den Kontakten des Unterbrechers, was das Verschwinden des Stromes stark verzögert und eine Beschädigung der Kontakte selbst bedingt. Zur Beseitigung der Funkenbildung an den Kontakten des Unterbrechers schlug der Franzose Fiseau im Jahre 1853 vor, den Kondensator zu dem Unterbrecher parallel zu schalten.

Es gibt mehrere Theorien über eine derartige Wirkung des Kondensators.

Früher glaubte man, daß der Kondensator nur die Aufgabe hat, den Funken an der Stelle der Stromunterbrechung zu löschen. Im Moment der Unterbrechung in der Primärwicklung des Magneto entsteht in der Tat eine bedeutende elektromotorische Kraft. Da die Kapazität der Kontakte des Unterbrechers nur eine kleine ist, so tritt hier eine bedeutende Potentialdifferenz auf, welche die Bildung des Funkens verursacht, und infolgedessen tritt die Unterbrechung des primären Stromes nicht so plötzlich ein, als es wünschenswert ist. Wegen des Anschlusses eines Kondensators parallel zu den Unterbrechungspunkten kann die elektromotorische Kraft eine größere Elektrizitätsmenge zu dem Ort der Unterbrechung hinführen, wodurch sich die Potentialdifferenz auf den Kontakten bedeutend verringert und zwischen ihnen kein Funke überspringt. Aber die Ladung des Kondensators verzögert den Prozeß der Änderung des magnetischen Kraftflusses im Ankerkern, was die Entstehung der elektromotorischen Kraft in der sekundären Wicklung schädlich beeinflußt.

Die letzten Untersuchungen zeigen, daß in Wirklichkeit die Rolle des Kondensators bedeutend komplizierter ist. Jedenfalls besteht für jede Primärwicklung des Magneto ein gewisses Optimum für den Wert der Kapazität des Kondensators. Um ein gutes Arbeiten des Magneto zu erzielen, darf man eine Funkenbildung an den Kontakten des Unterbrechers nicht zulassen. Mit der Zunahme der Kapazität C verringert sich $p_{c\,max}$ und die Möglichkeit der Funkenbildung. Deshalb ist eine minimale Kapazität des Kondensators, bei welcher beim Öffnen der Kontakte keine Funkenbildung auftritt, am besten. Gewöhnlich hängt die Kapazität des Kondensators von der Type des Magneto, der Selbstinduktion der Primärwicklung, der Stärke des Primärstromes usw. ab. In Tabelle 8 sind Zahlen über die Kondensatorkapazität einiger Typen von Magnetos für Leichtexplosionsmotore angeführt.

Tabelle 8.

Nr.	Typen	Kapazität
1	Bosch H. L. 8	von 0,15 bis 0,20 μF
2	Bosch Z. R. 4	„ 0,10 „ 0,15 „
3	Dixie D. 40	„ 0,05 „ 0,08 „

Um eine Vorstellung zu haben, um wieviel sich die Spannung in den Ankerwicklungen der Magnetos bei der Unterbrechung des Primärstromes erhöht, führen wir folgendes Beispiel an:

Magneto „Iskromet" Type 3 H. 4.

Ankerwicklungen:

primäre: Windungszahl $w_1 = 170$, Durchmesser $\phi_1 = 0{,}6$ mm,

Widerstand $r_1 = 1{,}0$ Ohm,

Selbstinduktion $L' = 0{,}012$ Henry;

sekundäre: Windungszahl $w_2 = 9860$,

Durchmesser $\phi_2 = 0{,}12$ mm,

Verhältnis der Windungen: $\dfrac{w_2}{w_1} = \dfrac{9860}{170} = 58$;

Kapazität des Kondensators $C = 0{,}18$ Mikrofarad.

Bei einer Rotationsgeschwindigkeit des Magneto mit 1500 Umdr./Min. erreicht die Amplitude des Kurzschlußstromes 3,0 Amp.

Auf Grund dieser Angaben haben wir:

$$\alpha_1 = \frac{r_1}{2\,L'} = \frac{1,0}{2\cdot 0,012} = 41,7\ \text{sek}^{-1},$$

$$\omega_1 = \sqrt{\frac{1}{L'C} - \frac{r_1^2}{4\,L'^2}} = \sqrt{\frac{1}{0,012\cdot 18\cdot 10^{-6}} - \frac{1,0^2}{4\cdot 0,012^2}} = 21500\ \text{sek}^{-1}.$$

Die Periodenzahl der Eigenschwingungen ist:

$$f_1 = \frac{\omega_1}{2\,\pi} = \frac{21\,500}{2\cdot 3,14} = 3430\ \text{Per./sek.}$$

Die Zeit, während welcher die Kondensatorspannung das Maximum erreicht und die Stromstärke bis auf 0 sinkt, ist:

$$t_{\text{max}} = \frac{1}{\omega_1}\cdot \operatorname{arctg}\frac{\omega_1}{\alpha_1} = 73,1\cdot 10^{-6}\ \text{sek};$$

$$\frac{\omega_1}{\alpha_1} = \frac{21\,500}{41,7} = 515;\qquad \operatorname{arctg}515 = 89^0\,53'\,30''$$

oder

$$\operatorname{arctg}515 = \sim\ \frac{\pi}{2}.$$

Die maximale Spannung ist

$$e_{1\,\text{max}} = \sim (-p_{c_{\text{max}}}) = i_{1b}\cdot e^{-\frac{\alpha_1}{\omega_1}\cdot\operatorname{arctg}\frac{\omega_1}{\alpha_1}}\cdot\sqrt{\frac{L'}{C}}$$

$$= 3,0\,e^{41,7\cdot 73,1\cdot 10^{-6}}\cdot\sqrt{\frac{0,012}{0,18\cdot 10^{-6}}} = \sim 774\ \text{V}$$

$$e_{2\,\text{max}} = \sim \frac{w_2}{w_1}\cdot e_{1\,\text{max}} = 58\cdot 774 = \sim 44\,750\ \text{V}.$$

Das logarithmische Dekrement beträgt

$$\varDelta = \sim \frac{r_1\cdot\pi}{\sqrt{\dfrac{L'}{C}}} = \frac{1,0\cdot 3,14}{258} = 0,01215.$$

Das Dämpfungsdekrement ist:

$$K = e^{0,01215} = \sim 1,011.$$

Das angeführte Beispiel zeigt, daß bei der Unterbrechung des Primärstromes während der Rotation des Magneto ziemlich hohe Spannungen in den Ankerwicklungen auftreten können. In Wirklichkeit wird infolge der Hysteresis der Eisenmassen des Ankers, der Wirbelströme und der Kapazität der Wicklungen selbst in den Ankerwicklungen eine etwas kleinere elektromotorische Kraft induziert. Gewöhnlich wird bei Hochspannungsmagnetos zur Vermeidung der Beschädigung einzelner isolierter Ankerteile keine Erhöhung der Spannung in der sekundären Wicklung über 10 bis 15000 Volt zugelassen, zu welchem Zweck jeder Magneto mit einer Sicherheitsvorrichtung ausgestattet ist, die eine Funkenstrecke von 8 bis 10 mm hat.

Früher wurde gezeigt, daß während der Rotation des Magneto beim Öffnen der Kontakte auf den Enden der primären Wicklung eine Potentialdifferenz auftritt

$$e_1 = \sim (-p_c) = \sim \frac{-i_{1e}}{C \cdot \omega_1} \cdot e^{a_1 \cdot t} \cdot \mathrm{Sin}(\omega_1 t)$$

und daß proportional zu diesem Werte in der sekundären Wicklung eine elektromotorische Kraft induziert wird

$$e_2 = \sim \frac{w_2}{w_1} \cdot e_1 = \sim - \frac{w_2}{w_1} \cdot \frac{i_{1e}}{C \omega_1} \cdot e^{-a_1 \cdot t} \cdot \mathrm{Sin}(\omega_1 t).$$

Da der Prozeß der Stromunterbrechung und der Erhöhung der Spannung in der primären Wicklung im Verlauf einer sehr kurzen Zeitspanne stattfindet, so kann man annehmen, daß der Wert $a_1 t$ während dieser Periode gleich Null ist. Deshalb vereinfachen sich die vorstehenden Formeln zu:

$$e_1 = \sim - p_c = \sim - \frac{i_{1e}}{C \omega_1} \cdot e^0 \cdot \mathrm{Sin}\, \omega_1 t = - \frac{i_{1b}}{C \omega_1} \cdot \mathrm{Sin}\, \omega_1 \cdot t =$$

$$= - i_{1b} \cdot \sqrt{\frac{L'}{C}} \cdot \mathrm{Sin}\, \omega_1 \cdot t$$

und

$$e_2 = \sim \frac{w_2}{w_1} \cdot e_1 = \sim \frac{w_2}{w_1} \cdot i_{1b} \cdot \sqrt{\frac{L'}{C}} \cdot \mathrm{Sin}\, \omega_1 \cdot t.$$

Falls an die sekundäre Wicklung eine Funkenstrecke (Kerze, Nadel- oder Kamm-Elektroden usw.) angeschlossen ist, so fließt beim Öffnen des primären Stromes in der sekundären Wicklung ein Strom, dessen Stärke abhängt vom Charakter der Entladung zwischen den Elektroden. Der Charakter der Entladung hängt seinerseits von der Spannung zwischen den Elektroden und dem Widerstand der Funkenstrecke ab. Falls bei der Änderung der Spannung zwischen den Elektroden kein Funke entsteht, sondern eine sogenannte dunkle Entladung stattfindet, so bleibt der Widerstand der Funkenstrecke mehr oder weniger konstant und in der Sekundärwicklung des Magneto entsteht eine Stromstärke, die direkt proportional der Spannung zwischen den Elektroden ist. Bei der Funkenbildung ändert sich die Leitfähigkeit der Stärke zwischen den Elektroden stark in Abhängigkeit von dem Widerstande des Funkens selbst. Der Widerstand des Funkens hängt in bedeutendem Maße von der Stromstärke des Kreises ab; er verringert sich mit der Zunahme der Stromstärke und wächst mit ihrer Abnahme. Der Widerstand des Funkens wird ferner beeinflußt: durch den Elektrodenabstand, die Form der Elektroden, das Material, aus dem die Elektroden hergestellt sind, und durch die Eigenschaften und die Zusammensetzung des Mediums, das die Elektroden voneinander trennt.

Bei Vorhandensein irgendeiner bestimmten Funkenstrecke kann man die Abhängigkeit zwischen der Spannung e und der Stromstärke i in der Form einer sogenannten Entladungscharakteristik darstellen, die in Abb. 72 graphisch abgebildet ist. Hierin entspricht der Zweig OA der dunklen Entladung, während welcher der Widerstand der Gasstrecke zwischen den Elektroden konstant bleibt; bei einer gewissen Spannung E_0, infolge starker Ionisierung der Gasstrecke zwischen den Elektroden, kommt es zur Funkenbildung, und im weiteren Verlauf geschieht die Entladung bereits bei geringer Spannung, wobei die Stromstärke schnell wächst. Diese Erscheinung ist in Abb. 27 durch den Zweig AB dargestellt. Mit Zunahme der Stromstärke kommen die Elektroden ins Glühen, die ionisierende Wirkung der glühenden Elektroden führt den Funken zum Lichtbogen, und die Spannung zwischen den Elektroden nimmt wieder ab (siehe Zweig BC).

Wenn in der sekundären Wicklung des Magneto die Funkenbildung bei der Spannung E_0 stattfindet, so kann der Widerstand der Gasstrecke zwischen den Elektroden bei der Entladung, welche den Lichteffekt hervorruft, ungefähr durch folgende Formel ausgedrückt werden (siehe auch Abb. 72):

$$R_{\text{Funk}} = \operatorname{tg} \beta = \frac{E_2}{i_2} = \frac{E_{20} - i_2'' \operatorname{tg} \alpha}{i_2} = \frac{E_{20} - i_2'' r_2}{i_2''},$$

wo $r_2 = \operatorname{tg} \alpha =$ Widerstand der sekundären Ankerwicklung.

Bis zur Funkenbildung beträgt der Widerstand der Gasstrecke zwischen den Elektroden

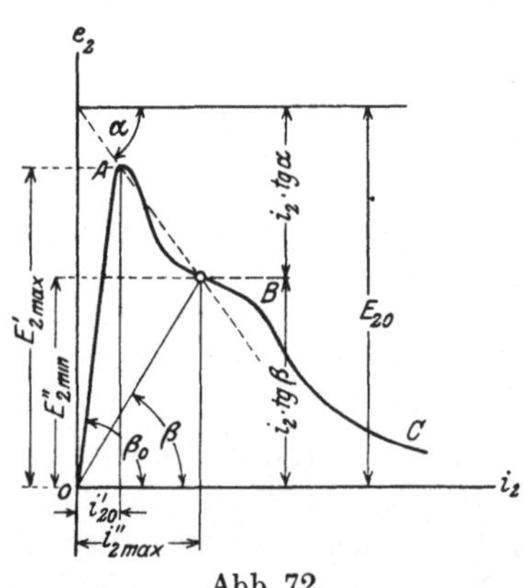

Abb. 72.
Charakteristik der Entladung.

$$R_1 = \operatorname{tg} \beta_0 = \frac{E'_2}{l'_{2\,\text{max}}},$$

wo $i'_{2\,\text{max}}$ die Stromstärke bedeutet, bei welcher der Funke zwischen den Elektroden überspringt.

Auf Grund der oben angeführten Schlußfolgerungen betreffs der Entladungen kann man den ganzen Prozeß der Funkenbildung in Hochspannungszündapparaten der Zeit nach in drei Perioden teilen:

1. vom Moment der Öffnung der Kontakte bis zum Moment der Funkenbildung in der Gasstrecke $\varDelta t_1$,

2. in die Zeitspanne, während der zwischen den Elektroden der Funke unterhalten wird $\varDelta t_2$, und

3. vom Moment des Übergangs des Funkens zum Lichtbogen bis zum Erlöschen desselben $\varDelta t_3$.

Für die erste Periode wird der Zusammenhang unter den einzelnen Größen, die den Prozeß der Veränderung der Stromstärke und der Spannungen in den Ankerwicklungen nach Öffnung der Kontakte charakterisieren, analytisch in folgender Form ausgedrückt:

Für die primäre Wicklung:

$$L_1 \frac{di_{1a}}{dt} + i_{1a} r_1 + p_c = - w_1 \cdot \frac{d\varPhi_a}{dt} \cdot 10^{-8},$$

für die sekundäre Wicklung:

$$L_2 \frac{di'_2}{dt} + i_2' r_2 + i_2' R_1 = - w_2 \cdot \frac{d\varPhi_a}{dt} \cdot 10^{-8}.$$

Um $\dfrac{d\varPhi_a}{dt}$ zu finden, erinnern wir uns, daß der magnetische Kraftfluß im Ankerkern in diesem Fall auch auf Kosten der Differenz der magnetischen Potentiale auf den Polschuhen und der magnetomotorischen Kräfte eintritt, die infolge der Stromreaktion des Ankers entstehen, d. h.:

$$\varPhi_a \cdot \Re_a = H_d \cdot L + K \cdot i'_{1a} \cdot w_1 + K \cdot i''_2 \cdot w_2,$$

von hier:

$$\varPhi_a = \frac{M_d \cdot L + K (i'_{1a} \cdot w_1 + i''_2 \cdot w_2)}{\Re_a}$$

und

$$\frac{d\varPhi_a}{dt} = \frac{K}{\Re_a} \left(w_1 \cdot \frac{di'_{1a}}{dt} + w_2 \cdot \frac{di''_2}{dt} \right).$$

Bezeichnen wir:

$$w_1^2 \cdot \frac{K}{\Re_a} \cdot 10^{-8} \quad \text{durch} \quad L_{1a}$$

und

$$w_2{}^2 \cdot \frac{K}{\Re_a} \cdot 10^{-8} \quad \text{durch} \quad L_{2a},$$

dann nehmen die Gleichungen des zweiten Kirchhoffschen Grund-
gesetzes für beide Wicklungen folgende Form an:

$$L_1 \cdot \frac{di_{1a}}{dt} + i_{1a} \cdot r_1 + p_c + w_1 \cdot \frac{d\Phi_a}{dt} \cdot 10^{-8} = L_1 \frac{di_{1a}}{dt} + p_c +$$

$$+ L_{1a} \frac{di_{1a}}{dt} + \frac{w_1}{w_2} \cdot L_{2a} \cdot \frac{di_2'}{dt} = 0$$

$$L_2 \cdot \frac{di_2'}{dt} + i_2' \cdot r_2 + i_2' \cdot R_2 + w_2 \cdot \frac{d\Phi_a}{dt} \cdot 10^{-8} = L_2 \frac{di_2}{dt} + i_2'(r_2 + R_1) +$$

$$+ L_{2a}' \cdot \frac{di_2'}{dt} + \frac{w_2}{w_1} \cdot L_{1a} \cdot \frac{di_{1a}}{dt} = 0.$$

Wenn wir die erste Gleichung mit $\dfrac{w_2}{w_1}$ multiplizieren und hierauf
die zweite von dem Produkt subtrahieren, so erhalten wir:

$$\frac{w_2}{w_1}(i_{1a}' \cdot r_1 + p_c) = i_2' \cdot (r_2 + R_1)$$

und finden, daß

$$i_2' = \frac{w_2 (i_{1a}' \cdot r_1 + p_c)}{w_2 \cdot (r_2 + R_1)}$$

und

$$\frac{di_2'}{dt} = \frac{w_2}{w_1 \cdot (r_2 + R_1)} \cdot \left(r_1 \cdot \frac{di_{1a}'}{dt} + \frac{dp_c}{dt}\right) = \frac{w_2}{w_1 \cdot (r_2 + R_1)} \cdot \left(r_1 \frac{di_{1a}'}{dt} + \frac{i_{1a}'}{C}\right).$$

Infolgedessen erhalten wir nach Umtausch von i_2 durch i_{1a}':

$$i_{1a}' r_1 + p_c + L_1' \frac{di_{1a}'}{dt} + \frac{w_1}{w_2} \cdot L_2' \frac{w_2}{w_1} \cdot \frac{r_1 \dfrac{di_{1a}'}{dt} + \dfrac{i_{1a}}{C}}{r_2 + R_1} = 0$$

oder

$$i_{1a}' \cdot r_1 + p_c + \frac{r_1 L_2}{r_2 + R_1} \cdot \frac{di_{1a}'}{dt} + L_1' \frac{di_{1a}'}{dt} + L_2' \frac{i_{1a}'}{C(r_2 + R_1)} = 0,$$

$$\frac{di_{1a}'}{dt} \cdot \left[L_1' + L_2' \frac{r_1}{r_2 + R_1}\right] + i_{1a}'\left[r_1 + \frac{L_2'}{C(r_2 + R_1)}\right] + \frac{1}{C}\int_0^t i_{1a}' \cdot dt = 0.$$

Nach Multiplikation beider Teile dieser Gleichung mit $r_2 + R_1 = R_2$ und Differenzierung des Produktes nach der Zeit ergibt, daß:

$$\frac{d^2\,i'_{1a}}{dt} \cdot [L_1'\,R_2' + L_2'\,r_1] + \frac{d\,i'_{1a}}{dt}\left[r_1 \cdot R_2 + \frac{L_2'}{C}\right] + \frac{R_2}{C} \cdot i'_{1a} = 0.$$

Die Lösung dieser Differentialgleichung zweiter Ordnung gibt folgende Resultate:

$$i'_{1a} = F \cdot e^{x_1 \cdot t} + G \cdot e^{x_2 \cdot t},$$

wo F und G — die Integrationskonstanten, die von den Anfangs- und Endwerten von i'_{1a} und x_1, x_2 — die Wurzeln der quadratischen Gleichung sind:

$$x_2\,(L_1'\,R_2 + L_2'\,r_1) + x\left(r_1\,R_2 + \frac{L_2}{C}\right) + \frac{R_2}{C} = 0,$$

d. h.

$$x_1 = \frac{-(r_1\,R_2 + L_2') + \sqrt{\left(r_1\,R_2 + \frac{L_2}{C}\right)^2 - \frac{4\,R_2}{C}(L_1'\,R_2 - L_2'\,r_1)}}{2\,(L_1'\,R_2 + L_2'\,r_1)} =$$

$$= \frac{-\left(r_1\,R_2 + \frac{L_2'}{C}\right) + \sqrt{\left(r_1\,R_2 - \frac{L^2}{C}\right)^2 - \frac{4\,R_2^2 \cdot L_1'}{C}}}{2\,(L_1 \cdot R_2 + L_2 \cdot r_1)},$$

$$x_2 = \frac{-\left(r_1\,R_2 + \frac{L_2}{C}\right) - \sqrt{\left(r_1\,R_2 - \frac{L_2'}{C}\right)^2 - 4\,R_2^2\,L_1'}}{2\,(L_1'\,R_2 + L_2'\,r_1)}.$$

Bei Hochspannungszündapparaten beträgt im Mittel:

$$L_1 = 0{,}10 \text{ Henry}$$
$$L_2 = 40{,}0 \quad \text{„}$$
$$r_1 = 1{,}0 \quad \text{Ohm}$$
$$r_2 = 2000 \quad \text{„}$$
$$C = 0{,}15 \cdot 10^{-6} \text{ Farad,}$$

und bei diesen Werten erhält man x_1 und x_2 als imaginäre Werte, wenn R_2 2,5 bis 3,0 Millionen Ohm übersteigt. Wenn der Widerstand der Gasstrecke zwischen den Elektroden kleiner ist als dieser Wert, dann sind x_1 und x_2 reell und stets positiv, und infolgedessen ändert sich die Stärke des Primärstromes aperiodisch, indem sie sich im Verlauf der Zeit der Null nähert. Im andern Falle erhält man periodische gedämpfte Schwingungen.

Um F und G zu finden, nehmen wir an, daß zu Beginn des Öffnens der Kontakte die Stromstärke im Primärkreise gleich ist i_{1b}, d. h. bei $t = 0$

$$i'_{1a} = F \cdot e^{x_1 \cdot 0} + G \cdot e^{x_2 \cdot 0} = F + G = i_{1b}.$$

Bei $t = \Delta t_1$, der Zeitperiode vom Moment des Öffnens der Kontakte bis zum Moment der Funkenbildung, erreicht die Stromstärke in der primären Wicklung den Wert i'_{1ae}, weshalb

$$i'_{1ae} = F\, e^{x \cdot \Delta t_1} + G\, e^{x_2 \Delta t_2}.$$

Wie ändert sich dabei die Spannung bei den Klemmen des Kondensators? Bekanntlich ist:

$$i'_{1a} = C \frac{d\,p_c}{dt};$$

deshalb

$$p_c = \frac{1}{C} \cdot \int_0^{\Delta t_1} i'_{1a} \cdot dt = \frac{1}{C} \cdot \left[\frac{F}{x_1} \cdot e^{x_1 \Delta t_1} + \frac{G}{x_2} \cdot e^{x_2 \Delta t_1} - \left(\frac{F}{x_1} + \frac{G}{x_2} \right) \right].$$

Früher haben wir gezeigt, daß

$$e_2 = \sim - \frac{w_2}{w_1} \cdot p_c,$$

deshalb ist bei $t = \Delta t_1$

$$p_c = \sim - e_2 \frac{w_1}{w_2} = - \frac{1}{C} \left[\frac{F}{x_1} \cdot e^{x_1 \Delta t_1} + \frac{G}{x_2} \cdot e^{x_2 \Delta t_2} - \left(\frac{F}{x_1} + \frac{G}{x_2} \right) \right].$$

Die Spannung E'_2, bei welcher der Funke zwischen den Elektroden überspringt, kann man für jede Funkenstrecke als bekannt annehmen, da das Messen dieses Wertes keine Schwierigkeiten verursacht. Deshalb kann man nach der gegebenen Durchschlagsspannung E'_2 auf Grund der letzten Formel die Zeit der ersten Periode des Stromdurchganges in der Primärwicklung Δt_1 leicht bestimmen.

In dieser Zeitdauer wächst der Strom in der Sekundärwicklung von 0 bis zu einem gewissen Wert i_2', bei welchem die Funkenentladung stattfindet. Da eine Verbindung zwischen den Strömen in der Primär- und der Sekundärwicklung hergestellt ist, so ist die Ausgleichsstromstärke im Moment der Funkenbildung

$$i'_{2\,max} = \frac{w_2}{w_1} \cdot \frac{i'_{1a} \cdot r_1 + p_c}{r_2 + R_1} = \frac{w_2}{w_1 \cdot R_2} \cdot \left[r_1 \cdot (F \cdot e^{x_1 \Delta t_1} + G\, e^{x_2 \Delta t_1}) + \right.$$
$$\left. + \frac{1}{C} \left(\frac{F}{x_1} \cdot e^{x_1 \Delta t_1} + \frac{G}{x_2} \cdot e^{x_2 \Delta t_1} - \frac{F}{x_1} - \frac{G}{x_2} \right) \right].$$

Vorstehend wurde ausgeführt, daß für die erste Periode der Entladung die Gleichung gilt:

$$L_2 \frac{di_2'}{dt} + i_2' r_2 + i_2' R_1 = -w_2 \cdot \frac{d\Phi_a}{dt} \cdot 10^{-8}.$$

Aus dieser Gleichung folgt, daß die Spannung auf den Elektroden während der Entladung ihren Maximalwert erreicht, der gleich ist

$$i_{2\,max}' R_1 = -w_2 \cdot \frac{d\Phi_a}{dt} \cdot 10^{-8} - L_2 \frac{di_{2\,max}''}{dt} - i_{2\,max}' r^2.$$

Es ist wünschenswert, daß alle elektrischen Zündapparate fähig wären, eine Spannung zu entwickeln, die genügend wäre, um lange Funkenstrecken durchzuschlagen, d. h. daß $i_{2\,max}' R_1$ Maximum hat.

Auf diesen Wert hat neben anderen Faktoren sehr großen Einfluß die Streuinduktion der Sekundärwicklung, welche von der Windungszahl abhängt.

In der Tat

$$L_2 = f(w_2^2); \qquad r_2 = \psi(w_2); \qquad i_2' R_1 = \varphi(w_2).$$

Da die elektromotorische Kraft der Streuinduktion $L_2 \left(\dfrac{di_2}{dt}\right)$ gegen die elektromotorische Kraft $\left(-w_2 \cdot \dfrac{d\Phi_a}{dt} \cdot 10^{-8}\right)$ wirkt, so folgt

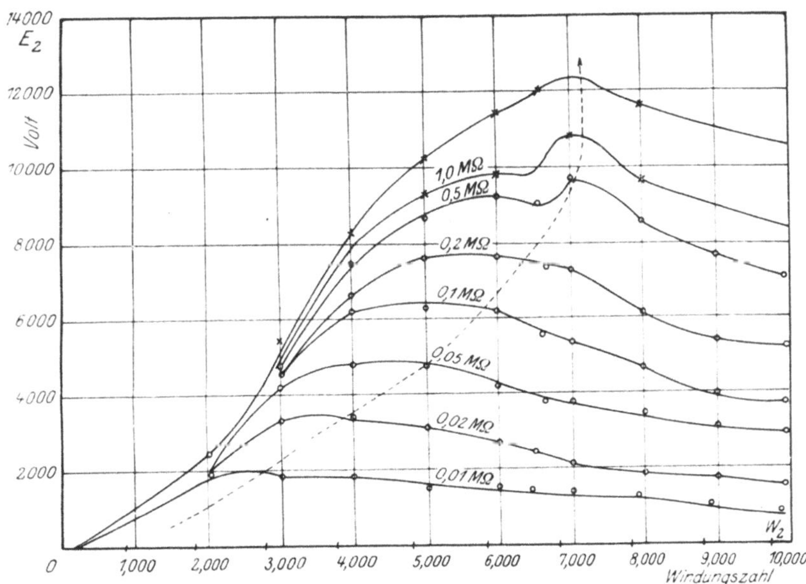

Abb. 73. $E_2 = f(w_2)$-Kurven nach G. E. Baistro.

daraus, daß die Durchschlagspannung $i'_{2\max} R_1$ ihren Maximalwert nur bei einer ganz bestimmten Windungszahl der Sekundärwicklung erreicht. Diese Erwägungen sind durch Experimente von G. E. Baistro (siehe Reports 3 N 52 Advisory Committee for Aeronautics) bestätigt worden. Sie zeigen, daß für Magneto Type A. V. 8 die vorteilhafteste Windungszahl statt 10000 ungefähr 7000 ist.

In Abb. 73 ist das Diagramm dargestellt, welches einen Teil aus Resultaten der Experimente diesen Verfassers bildet.

Es ist interessant zu sehen, welche Erscheinungen in den Ankerwicklungen nach dem Überspringen des Funkens während der zweiten Periode Δt_2 eintreten.

In diesem Fall ist der Widerstand des Funkenweges, wie früher gezeigt wurde:

$$R_{\text{Funk}} = \frac{E_{20} - i''_2 r_2}{i''_2},$$

deshalb können die Grundgesetze der Elektrotechnik für beide Stromkreise folgendermaßen ausgedrückt werden:

$$i''_{1a} r_1 + L_1' \frac{di''_{1a}}{dt} + \frac{w_1}{w_2} \cdot L_2' \frac{di''_2}{dt} + p_c = 0,$$

$$i''_2 r_2 + L_2' \frac{di''_2}{dt} + \frac{w_2}{w_1} \cdot L_1' \cdot \frac{di''_{1a}}{dt} + E_0' - i''_2 \cdot r = 0.$$

Aus diesen Gleichungen finden wir, daß

$$L_2' \frac{di''_r}{dt} = -\left(E_0' - \frac{w_2}{w_1} \cdot L_1' \frac{di''_{1a}}{dt} \right);$$

$$i''_{1a} \cdot r_1 + L_1' \frac{di''_{1a}}{dt} - \frac{w_1}{w_2} \cdot E_0' - L_1' \frac{di''_{1a}}{dt} + \frac{1}{C} \int_0^t i''_{1a} \cdot dt = 0$$

$$i''_{1a} \cdot r_1 + \frac{1}{C} \int_0^t i''_{1a} \cdot dt = \frac{w_1}{w_2} \cdot E_{20}.$$

Wenn wir diese Gleichung nach der Zeit differenzieren, erhalten wir:

$$\frac{di''_{1a}}{dt} \cdot r_1 = -\frac{1}{C} i''_{1a}; \qquad \frac{di''_{1a}}{i'_{1a}} = -\frac{1}{Cr_1} \cdot dt; \qquad d\left(\ln i''_{1a}\right) = -\frac{1}{Cr_1} \cdot dt:$$

$$\ln i''_{1a} = -\int_0^t \frac{dt}{Cr_1} + \text{Const} = \text{Const} - \frac{t}{Cr_1}; \quad i''_{1a} = e^{-\frac{t}{Cr_1} + \text{Const}} = I e^{-\frac{t}{Cr_1}}.$$

Zur Bestimmung von I nehmen wir an, daß für $t = 0$

$$i''_{1aa} = i'_{1ae},$$

deshalb ist

$$I = i'_{1ae}.$$

Folglich

$$i''_{1a} = i'_{1ae} \cdot e^{-\frac{t}{Cr_1}}.$$

Im Verlauf der zweiten Periode kann die Änderung der Spannung bei den Klemmen des Kondensators bestimmt werden nach der Formel:

$$p''_c = \frac{1}{C} \int_0^t i''_{1a}\,dt = \frac{1}{C} \int_0^t i'_{1ae} \cdot e^{-\frac{t}{Cr_1}} + \text{Const} =$$

$$= - r_1 \cdot i'_{1ae} \left(e^{-\frac{t}{Cr_1}} - 1 \right) + p'_{ce},$$

welche zeigt, daß während der Funkenbildung die Spannung p''_e abfällt und ein Minimum erreicht, das gleich ist:

$$p''_{c_{max}} = p'_{ce} + r_1 \cdot i'_{1ae} = \sim - \frac{w_1}{w_2} \cdot E''_2 + r_1 \cdot i'_{1ae} = \sim - \frac{w_1}{w_2} \cdot E''_2 + r_1 \cdot i_{1e}.$$

Früher wurde ausgeführt, daß

$$\frac{di''_2}{dt} = - \frac{E''_2 + L'_1 \frac{w_2}{w_1} \cdot di''_{1a}}{L_2},$$

deshalb ist

$$\frac{di''_2}{dt} = - \frac{E''_2}{L_2} + \frac{w_2}{w_1} \cdot \frac{L'_1}{L'_2} \cdot \frac{i''_{1a}}{Cr_1} = - \frac{E''_2}{L_2} + \frac{w_1}{w_2} \cdot \frac{i''_{1a}}{Cr_1}.$$

Setzen wir in dieser Gleichung anstatt $i''_{1a} = i'_{1ae} \cdot e^{-\frac{t}{Cr_1}}$, so erhalten wir:

$$\frac{di''_2}{dt} = - \frac{E_2}{L_2} + \frac{w_1}{w_2} \cdot \frac{1}{Cr_1} \cdot i'_{1ae} \cdot e^{-\frac{t}{Cr_1}},$$

und nach durchgeführter Integration:

$$i''_2 = - \frac{E''_2}{L'_2} \cdot t - \frac{w_1}{w_2} \cdot i'_{1ae} \cdot e^{-\frac{t}{Cr_1}} + \frac{w_1}{w_2} \cdot i'_{1ae}.$$

Wenn eine gewisse Stromstärke erreicht ist, so kommen die Elektroden ins Glühen, die Elektrodendämpfe erfüllen die Gasstrecke,

die Spannung zwischen den Elektroden fällt sprunghaft auf einen
bedeutend kleineren Wert und bleibt von jetzt ab annähernd konstant, unabhängig von der Stromstärke.

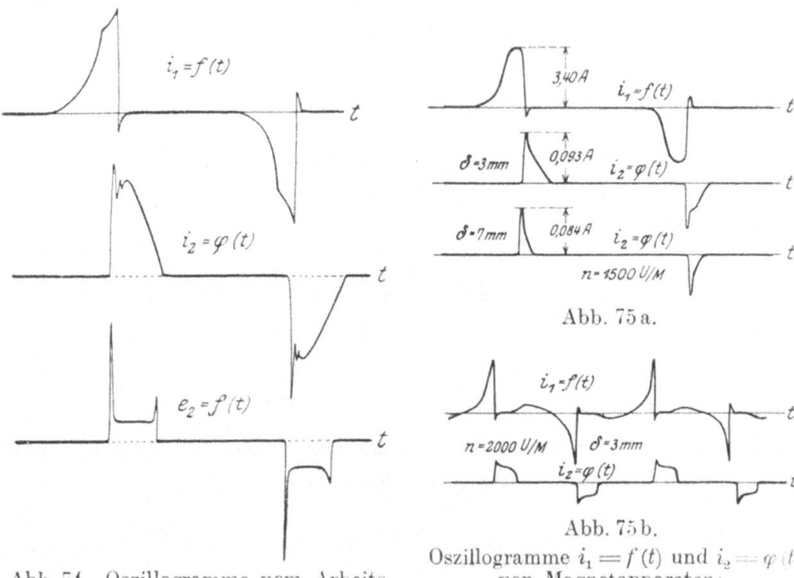

Abb. 74. Oszillogramme vom Arbeitsprozeß.

Abb. 75a.

Abb. 75b.
Oszillogramme $i_1 = f(t)$ und $i_2 = \varphi(t)$
von Magnetapparaten:
a) Bosch, Type Z. R. 6, b) Dixie.

Bei der Stromunterbrechung während des Erlöschens des Licht-
bogens verändert sich der magnetische Kraftfluß im Ankerkerne; infolgedessen wird eine Schwankung der Elektrodenspannung hervorgerufen.

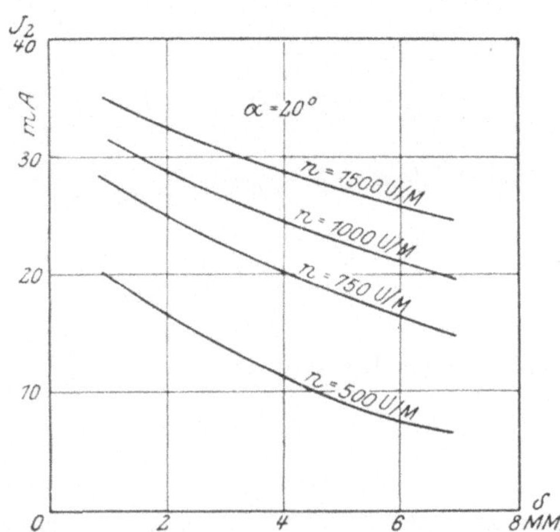

Abb. 76. Stromdiagramm vom Magnetapparat Bosch Z. R. 6.

Im allgemeinen kann der ganze Prozeß der Entladung in der
sekundären Wicklung des Magnetapparates schematisch durch die
Oszillogramme dargestellt werden, die in Abb. 74 gezeigt sind.

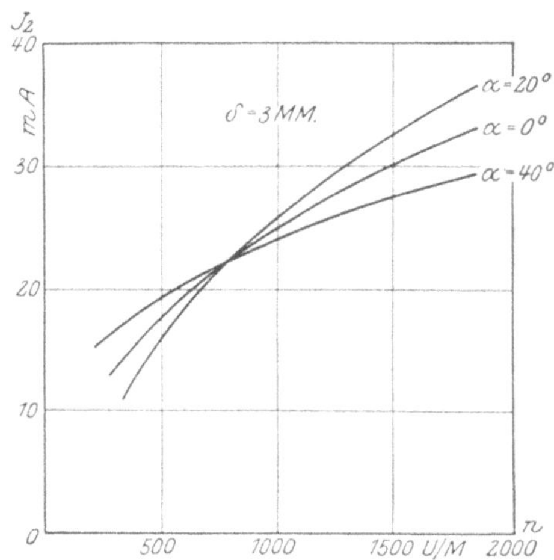

Abb. 77. Stromdiagramm vom Magnetapparat Bosch D. U. 4.

Diese Kurven unterscheiden sich von den theoretischen Kurven
für die Ströme der primären und sekundären Wicklung des Hoch-

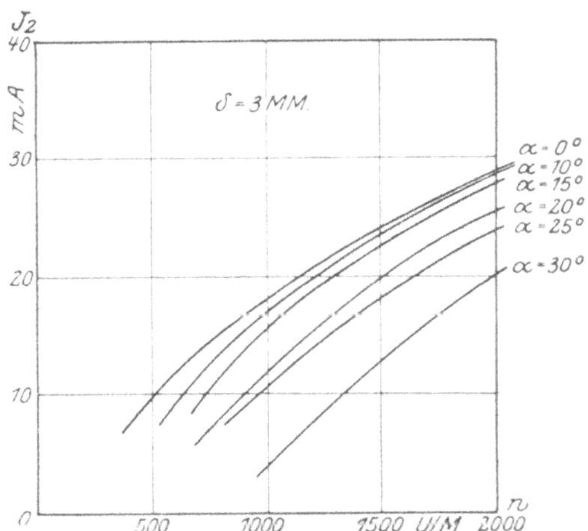

Abb. 78. Stromdiagramm vom Iskromet-Apparat.

spannungsmagneto, da der Prozeß der Funkenbildung von vielen
Nebenumständen beeinflußt wird, wie z. B. durch die Hysteresis der
Eisenmassen, die Wirbelströme, die elektromotorische Kraft, die durch

die Rotation des Ankers hervorgerufen wird, die nicht beständige Leitfähigkeit des magnetischen Kreises während der Änderung des Stromes in den Wicklungen, die komplizierte Abhängigkeit des Widerstandes der Gasstrecke zwischen den Elektroden von dem hindurchfließenden Strom usw.

Die Abb. 75 zeigt die Oszillogramme der Stromstärken beider Wicklungen des Magneto bei verschiedenen Bedingungen für die Funkenbildung, und die Abb. 76 bis 79 stellen die Diagramme der

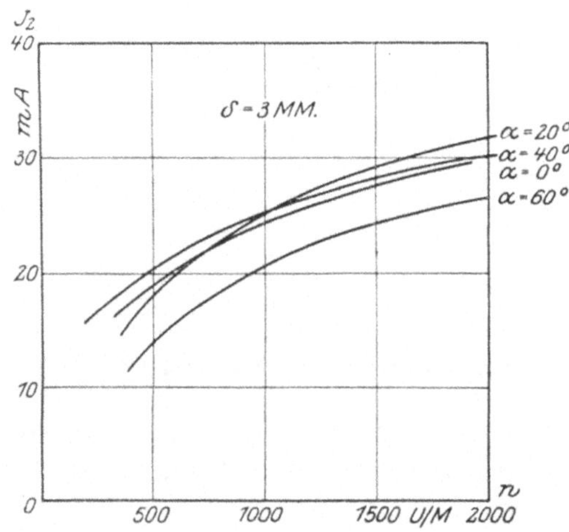

Abb. 79. Stromdiagramm vom Bosch-Apparat, Type Z. H. 6.

Veränderung der Stromstärke i_2 in Abhängigkeit von der Rotationsgeschwindigkeit n und dem Elektrodenabstand für verschiedene Typen von Hochspannungszündapparaten dar.

Aus diesen Kurven ist zu ersehen, daß:

1. die Stromstärke in der Sekundärwicklung mit zunehmender Geschwindigkeit anwächst und sich bei einer großen Umdrehungszahl des Ankers einer gewissen Grenze nähert;

2. bei großen Geschwindigkeiten infolge der kürzeren Perioden der Öffnung der Kontakte findet ein vorzeitiges Erlöschen der Funken statt (z. B. beim Magneto Dixie);

3. mit der Vergrößerung des Elektroden — die Amplitude der sekundären Stromstärke fast konstant bleibt, daß dagegen bei großen Funkenstrecken der Lichtbogen zwischen den Elektroden eine kürzere Zeit unterhalten wird;

4. der Spannungssprung im Sekundärstromkreis findet während der ersten Periode der Entladung statt; nach der Lichtbogenbildung fällt die Elektrodenspannung ab und bleibt fast konstant.

4. Die Funkenenergie des Magneto.

Die Funkenbildung in Hochspannungszündapparaten wird durch die heftige Änderung des magnetischen Kraftflusses im Ankerkern bei der Unterbrechung des primären Stromes hervorgerufen. Auf Grund des Prinzips der Energieerhaltung kann man die Arbeit berechnen, die der Funke leistet, oder die Wärmemenge, die er erzeugt. In der Tat wird bei Änderung des magnetischen Kraftflusses von der Größe Φ_1 auf Φ_2 eine Arbeit geleistet

$$A = \frac{V}{4\pi}\int_{B_1}^{B_2} H\, dB = \frac{V}{4\pi}\cdot\int_{B_1}^{B_2}\frac{B}{\mu}\cdot dB = \sim \frac{V}{4\pi\mu}\cdot\left(\frac{B_2{}^2 - B_1{}^2}{2}\right) \text{Erg},$$

wobei in dieser Formel

$H =$ magnetische Feldstärke,

$B =$ magnetische Induktion,

$\mu =$ magnetische Permeabilität, die der Einfachheit wegen als konstant angenommen wird,

$V =$ Volum des Ankereisens.

Im Moment des Öffnens der Kontakte ist der magnetische Kraftfluß im Ankerkern:

$$\Phi_{a1} = \frac{-H_d\cdot L + 0{,}4\,\pi\cdot i_{1b}\cdot w_1}{\Re_a},$$

und die magnetische Induktion im Ankerkern

$$B_{a1} = \frac{\Phi_{a1}}{\Theta_a} = \frac{-H_d\cdot L + 0{,}4\,\pi\cdot i_{1b}\cdot w_1}{\Re_a\cdot\Theta_a},$$

wo Θ_a die Querschnittsfläche des Ankerkerns bedeutet.

Bei vollständigem Verschwinden des Stromes in der primären Wicklung erreicht der magnetische Kraftfluß im Anker den Wert

$$\Phi_{a2} = \frac{-H_d\cdot L}{\Re_a},$$

dann ist

$$B_{a2} = \frac{\Phi_{a2}}{\Theta_a} = \frac{-H_d\cdot L}{\Re_a\cdot\Theta_a}.$$

Infolgedessen beträgt die Änderung der potentiellen Energie des magnetischen Kraftflusses des Ankers während der Periode der Funkenbildung:

$$A = \frac{V}{8\pi\cdot\mu}\cdot(B_{a2}^2 - B_{a1}^2) = \frac{V}{8\pi\mu\cdot R_a{}^2\cdot\Theta_a{}^2}[(H_d L)^2 - (0{,}4\,\pi\, i_{1b}\cdot w_1 - H_d\cdot L)^2] =$$

$$= \frac{V}{8\pi\mu}\cdot\frac{0{,}4\,\pi\cdot i_{1b}\cdot w_1}{\Re_a{}^2\cdot\Theta_a{}^2}\cdot[2\,H_d\cdot L - 0{,}4\,\pi\cdot i_{1b}\cdot w_1]\,\text{Erg}.$$

Diese Formeln zeigen, daß A ein Maximum erreicht, wenn $H_d \cdot L = 0{,}4\,\pi \cdot i_{1b} \cdot w_1$; in diesem Fall ist:

$$A_{\max} = \frac{V}{8\,\pi\,\mu} \cdot \frac{H_d \cdot L}{\mathfrak{R}_a{}^2 \cdot \Theta_a{}^2} = \frac{V}{8\,\pi\,\mu} \cdot \frac{0{,}4\,\pi \cdot i_{1b} \cdot w_1}{\mathfrak{R}_a{}^2 \cdot \Theta_a{}^2}\ \text{Erg.}$$

Die Änderung der elektromagnetischen Energie beim Verschwinden des Stromes in der primären Wicklung kann annähernd auch nach der Formel berechnet werden:

$$A = \sim \frac{L_1{}' i_{1b}^2}{2}\ \text{Joule},$$

wo L' die Selbstinduktion der Primärwicklung und i_{1b} die Stärke des Primärstromes im Moment des Öffnens der Kontakte.

Die gesamte elektromagnetische Energie des Ankers, die beim Verschwinden des Stromes in den Wicklungen frei wird, verbraucht sich:

1. auf die Erwärmung der beiden Ankerwicklungen,

2. auf die Verluste im Eisen infolge der Hysteresis und der Wirbelströme,

3. auf die Wärmebildung mit Hilfe des Funkens.

Außerdem kehrt ein Teil der elektrostatischen Ladungsenergie des Kondensators nicht zurück, da zu Beginn des Schließens der Kontakte die Spannung bei den Klemmen des Kondensators nicht bis auf Null fällt, sondern etwas ansteigt. Auf Grund dessen ist

$$A = A_w + A_{ei} + A_k + A_F = \int_0^t i_1{}^2 r_1\, dt + \int_0^t i_2{}^2 r_2\, dt + A_{ei} + \frac{C p_c{}^2}{2} + $$
$$+ \int_0^t i_2{}^2 R_F \cdot dt.$$

Wir sehen aber, daß in Hochspannungszündapparaten die Umwandlung der elektromagnetischen Energie des Ankers in die Wärme des Funkens stets von unwiederbringlichen Verlusten begleitet ist. Gewöhnlich betragen die Verluste in Hochspannungszündapparaten ungefähr 20 bis 30 $^0/_0$ der gesamten elektromagnetischen Energie, die man bei Unterbrechung des primären Stromkreises erhält.

In Hochspannungszündapparaten beträgt die Energie, die mit Hilfe des Funkens erzielt wird, im Mittel ungefähr 0,05 bis 0,1 Joule.

In Abb. 80 und 81 sind die Diagramme dargestellt, die den Wert der Energie der beiden Ankerwicklungen des Magneto von der Type H. L. 8 bei verschiedenen Rotationsgeschwindigkeiten zeigen und auch den elektrischen Wirkungsgrad des Magneto während der Funkenbildung.

Die Messung der Wärmeenergie, die durch den Funken erzeugt wird, ist bereits schwieriger.

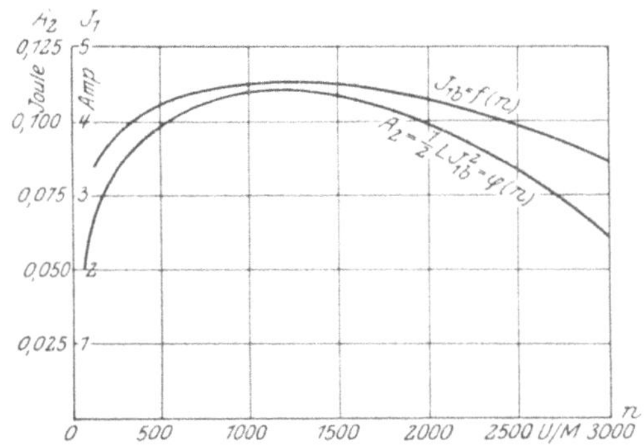

Abb. 80. Strom- und Energie-Diagramm vom Bosch-Apparat, Type H. L. 8.

Sie wird annähernd bestimmt mit Hilfe des Gas-Kalorimeters, das in Abb. 82 vorgestellt ist. Dieser Apparat besteht aus einem Glaskugelgefäß von 600 bis 800 cm³, in welchem zwischen die

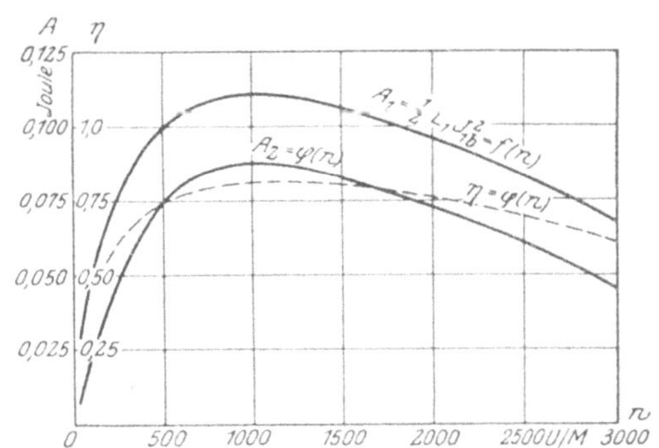

Abb. 81. Energie- und Wirkungsgrad-Diagramm vom Bosch-Apparat, Type H. L. 8.

Punkte a, a eine Platinspirale e und zwei Platinelektroden eingelassen sind. Mit Hilfe der Röhren BB wird das Gefäß mit trockener Kohlensäure (CO_2) angefüllt. Hierauf wird das untere Rohr mit dem geneigten Quecksilber-Manometer C verbunden.

Um die durch den Funken erzeugte Wärmemenge zu messen, wird die sekundäre Wicklung des Magneto mit den Elektroden des Kalorimeters verbunden. Wenn der Funke zwischen den Elektroden

5*

überspringt, wird das in dem Glasgefäß befindliche Gas erwärmt
und der erhöhte Gasdruck wird mittels des Quecksilber-Manometers
gemessen.

Die Erhöhung des Gasdruckes in dem Kugelgefäße hört auf mit
dem eintretenden Ausgleich zwischen der Wärme, die durch das
Kalorimeter mittels des Funkens geleitet wird, und die Wärme, die
von dem Apparat an seine Außenfläche abgegeben wird. Um den
Wert der Wärmeenergie des Funkens zu bestimmen, wird der Apparat
durchgeblasen, abgekühlt und neuerdings mit trockener Kohlensäure

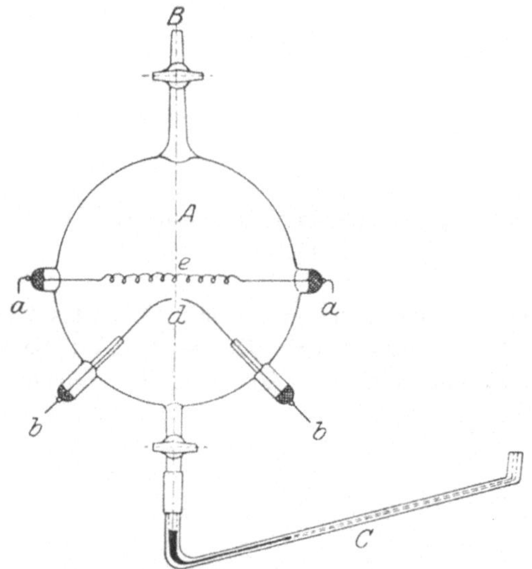

Abb. 82. Gas-Kalorimeter für die Funkenenergiemessung.

gefüllt; hierauf leitet man durch die Platinspirale einen elektrischen
Strom, der bei seinem Durchgang durch die Spirale in jeder Sekunde
eine Wärmemenge von 0,24 $J^2 R$ Grammkalorien erzeugt. Um ge-
nauere Resultate zu erhalten, läßt man den Strom solcher Stärke
fließen, welche bei dem eintretenden Wärmeausgleich der Gasdruck
wie bei der Arbeit des Magneto hervorruft.

III. Experimentelle Untersuchungen der Funkenbildung in Hochspannungszündapparaten.

1. Einfluß des Moments der Stromunterbrechung in der Primärwicklung auf die Funkenstärke.

Aus den oben dargestellten theoretischen Untersuchungen folgt, daß der Grenzwert der Spannungserhöhung, die Stromstärke in dem sekundären Kreis und die Energie des Funkens zum großen Teil von dem Momentanwert des kurzgeschlossenen Stromes abhängen, da seine Unterbrechung stattfindet.

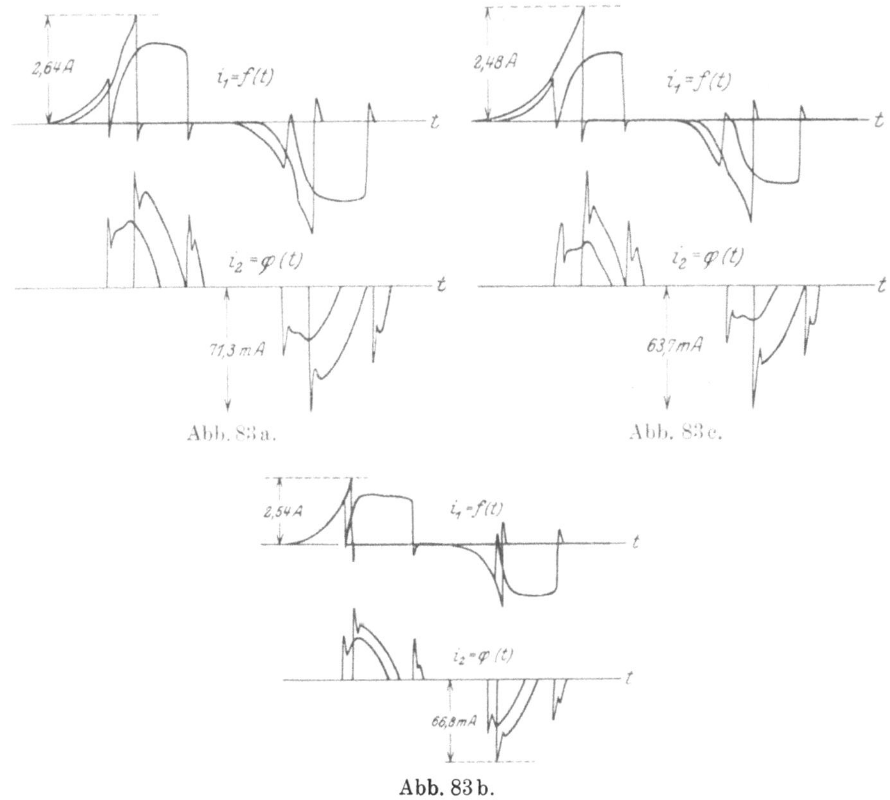

Abb. 83 b.

Abb. 83 a, b, c. Stromoszillogramme von Iskromet-Apparaten.
a) $\gamma = 90°$,　b) $\gamma = 122°$,　c) $\gamma = 127°$.

Der Grenzwert der Spannungserhöhung ist fast direkt abhängig von der Stärke des primären Stromes im Moment der Unterbrechung, und die Energie des Funkens ändert sich ungefähr direkt proportionell mit dem Quadrat dieser Stromstärke. Um einen möglichst starken Funken zu erzielen, ist es deshalb sehr wünschenswert, das Öffnen der Kontakte bei möglichst großer Stärke des primären Stromes zu veranlassen.

Da sich die Stärke des kurzgeschlossenen Stromes in Abhängigkeit von der Zeit ändert, so ergeben sich bei verschiedenen Momenten seiner Unterbrechung in dem sekundären Kreis Funken verschiedener Stärke. Um zu erkennen, wie sehr sich die Funkenstärke bei verschiedenen Zündzeitpunkten ändert, wurden bei den verschiedenen Magnetapparaten Oszillogramme des primären und des sekundären Stromes bei einer Rotationsgeschwindigkeit von 1000 Umdrehungen in der Minute für verschiedene Momente der Funkenbildung aufgenommen.

Diese Oszillogramme sind in den Abb. 83 bis 85 dargestellt.

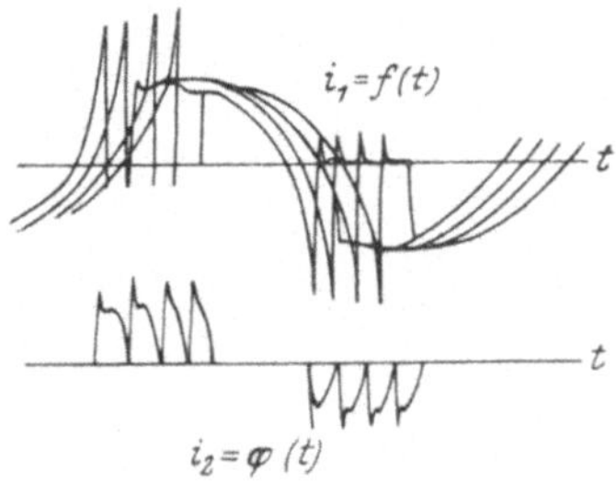

Abb. 84. Stromoszillogramm vom Bosch-Apparat, Type Z.H. 6.

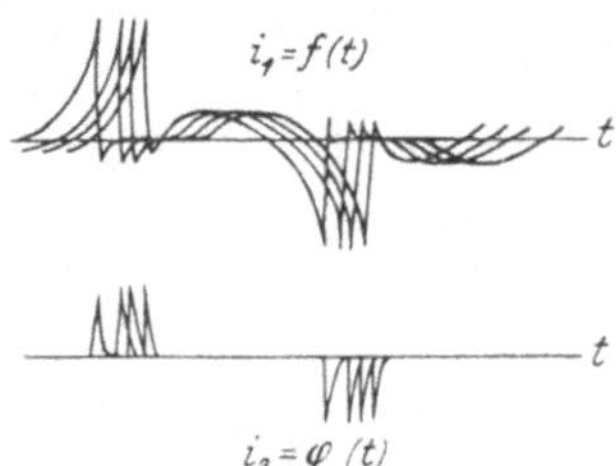

Abb. 85. Stromoszillogramm vom Dixie-Apparat.

Außerdem wurden bei den Magnetapparaten die effektiven Stromstärken im sekundären Kreis in Abhängigkeit vom Winkel der Zündzeitpunktverstellung bei verschiedenen Geschwindigkeiten und Funkenstrecken gemessen. Die Resultate dieser Untersuchung sind in den Abb. 86 bis 88 in Form von Diagrammen dargestellt.

a) Die Untersuchung zeigt, daß bei vielen Typen der Zündapparate die Stromstärke im Sekundärkreis bei verschiedenen Zündzeitpunkten nicht konstant bleibt.

b) In dieser Beziehung zeitigt die Anordnung von überlappten Polschuhen keine positiven Resultate; im Gegenteil, das Vorhandensein von Überlappungen verursacht eine Schwächung der Funken, was besonders bei kleinen Geschwindigkeiten zu sehen ist. (Siehe die Diagramme für Magneto Iskromet.)

c) Früher haben wir gezeigt, daß bei einem Magnetapparat, dessen Polschuhe Überlappungen besitzt, die Kurve des Primärstromes verschiedene Halbperioden hat, was eine ungleichartige Funkenbildung verursachen muß. Durch die experimentellen Prüfungen wurden diese Annahmen bestätigt. In Abb. 89 sind die mittleren Werte des sekundären Stromes für jede Halbperiode angeführt die mittels des Milliamperemeters für Gleichstrom beim Magnet-

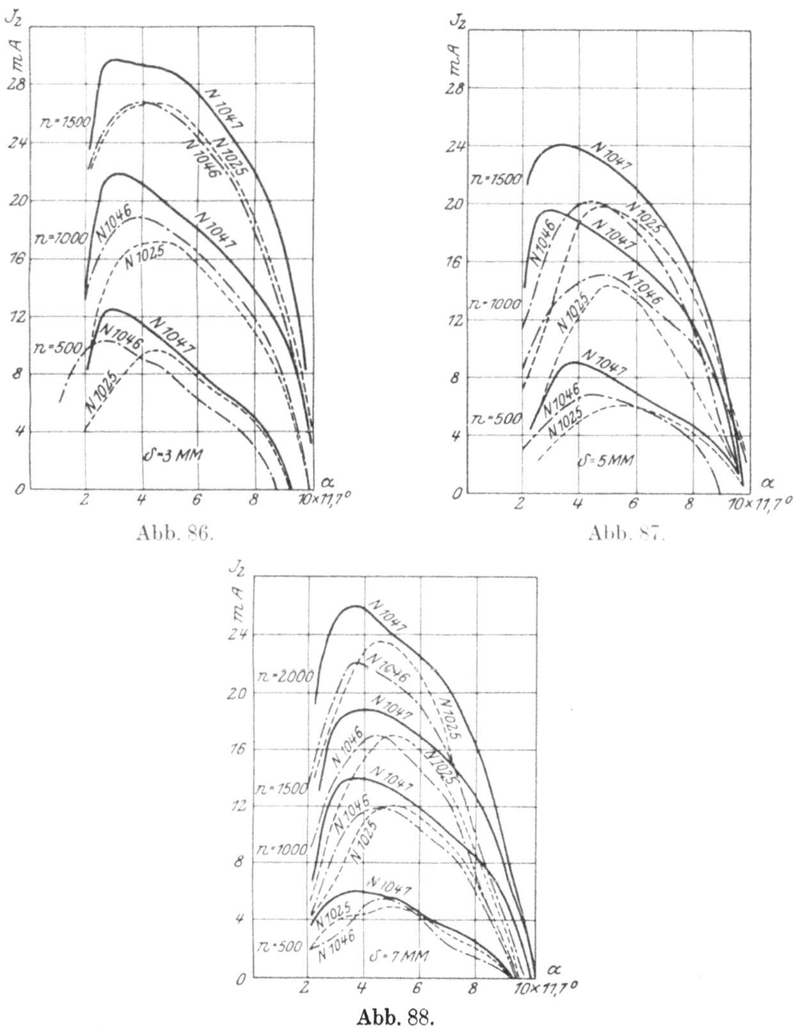

Abb. 86.   Abb. 87.

Abb. 88.
Stromdiagramme von Iskromet-Apparaten.

apparat Iskromet Nr. 1025 ($\gamma = 127^0$) gemessen wurden. Die erhaltenen Werte der Stromstärke unterscheiden sich voneinander für jede Halbperiode. Bei anderen Zündapparaten mit symmetrischen Polschuhen ist ein solcher Unterschied in der Funkenbildung nicht zu bemerken.

d) Beim Magnetapparat Bosch Z. H. 6 wird auch keine vollständige Gleichartigkeit der Stromstärke des Funkens bei verschiedenen Momenten des Öffnens der Kontakte erzielt; allerdings sind die Schwankungen des Funkenstroms bei einer Änderung des Winkels der Frühzündung innerhalb der Grenzen bis 40° ganz unbedeutend; erst bei einer Verstellung über 40° ist eine bedeutendere Abnahme der Funkenstromstärke zu konstatieren.

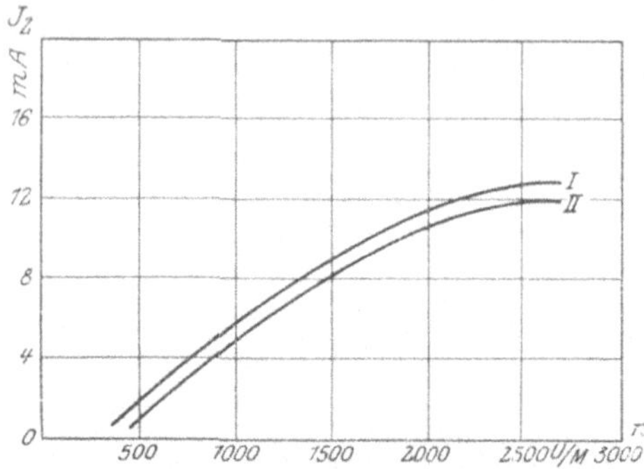

Abb. 89. Diagramm der Sekundärstromstärke für jede Halbperiode bei Magnetapparaten mit überlappten Polschuhen.

e) Was den Zündapparat Dixie betrifft, so muß der Strom im sekundären Kreise bei verschiedenen Momenten der Funkenbildung auf Grund der Oszillogramme des primären Stromes (siehe Abb. 85) fast konstant sein.

Eine genaue Messung der Stromstärke konnte infolge seines geringen Wertes nicht durchgeführt werden. Die konstruktiven Besonderheiten des Zündapparates Dixie gestatten eine Änderung des Zündzeitpunktes nur innerhalb der Grenze bis zu 40°, in bezug auf die Achse der Welle des Apparates.

2. Einfluß der Öffnungsperiode der Kontakte auf die Funkenbildung und die Möglichkeit der weitgehenden Verstellung des Zündzeitpunktes.

a) Einfluß des Unterbrechermechanismus auf die effektiven Werte der Stärke des Funkenstromes.

Bei der eingehenden experimentalen Untersuchung des Arbeitsprozesses des Hochspannungsmagneto ergab es sich von selbst, dem Umstand Rechnung zu tragen, daß die Unterbrecheröffnungsdauer einen wesentlichen Einfluß auf die Stärke des Funkenstomes ausübt.

Bei den meistverbreiteten Typen des Hochspannungsmagnetapparates besteht die Vorrichtung für die Stromunterbrechung aus zwei Teilen: dem Unterbrecher und den Stahlnocken. Der eine dieser beiden Teile rotiert stets mit der Welle. Die Unterbrecher selbst stellen zwei Platinscheibchen dar, die an die Schrauben des Kontaktstückes und des Unterbrecherhebels befestigt sind. Es gibt zwei Typen derselben: bewegliche (z. B. bei den Zündapparaten D. U., Z. H., Z. U. usw.) und unbewegliche (bei den Zündapparaten Dixie, Bosch HL).

Das Öffnen der Kontakte tritt ein, wenn der Fibernocken des Unterbrecherhebels auf die Stahlnocken aufläuft (oder umgekehrt,

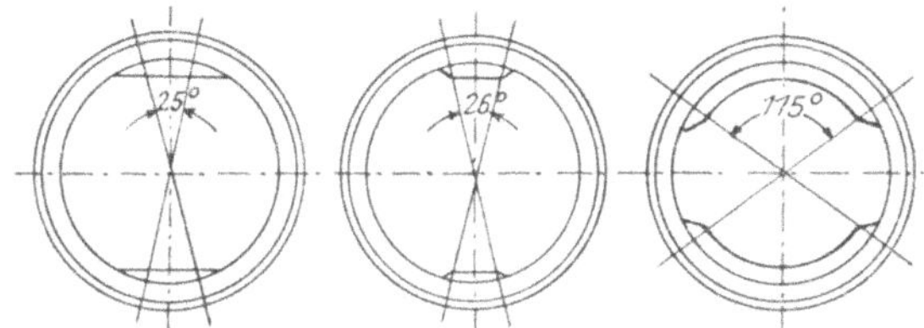

Abb. 90. Formen der Unterbrechernocken.

wenn die Nocken auf die Nocken des Unterbrecherhebels stoßen)· Der Abstand zwischen den Kontakten beträgt bei vollständiger Öffnung derselben bei fast allen Zündapparaten 0,4 bis 0,5 mm. Die Periode des geöffneten Zustandes hängt ab von der Form und der Größe der Nocken des Unterbrechers. In Abb. 90 sind die Nocken verschiedener Typen von Unterbrecherringen schematisch dargestellt, wie sie beim Magneto Bosch zur Anwendung gelangen, und in Tabelle 9 sind Zahlenangaben über die Öffnungsperioden der Kontakte verschiedener Zündapparate angeführt.

Tabelle 9.

Öffnungsperioden bei Hochspannungszündapparaten (in elektrischen Graden).

Bosch Typ. D., Z.	Bosch Typ. D., Z.	Bosch H. L. 8	Splitdorf		Simms U. H. S.	Remi	E. I. C. Type A	Thomson-Bennet
Flache Nocken	Zylind.-Nocken		Type E. U. 4	Dixie				
25–30°	110–115°	108–110°	60–65°	40–45°	115–120°	25–30°	65–70°	25–30°

Eine ziemlich klare Vorstellung vom Einfluß der Unterbrecheröffnungsperiode gibt das Oszillogramm (Abb. 91) der Stromstärke beider Ankerkreise, die bei verschiedenen Zündzeitpunkten beim Magnetapparat Iskromet für zwei Arten von Nocken aufgenommen wurden: für flache (Öffnungsperiode 25°) und zylindrische Nocken (Öffnungsperiode 115°).

Wenn die Öffnungsperiode klein ist, legen sich die Kurven des Primärstromes für verschiedene Momente der Funkenbildung aufeinander und haben in ihren Anfängen die Form der Kurve des

Kurzschlußstromes. Somit hat der Unterbrechungsstrom bei verschiedenen Zündzeitpunkten einen Wert, der dem Kurzschlußstrom im Moment der Unterbrechung entspricht. Die Stromstärke im Se-

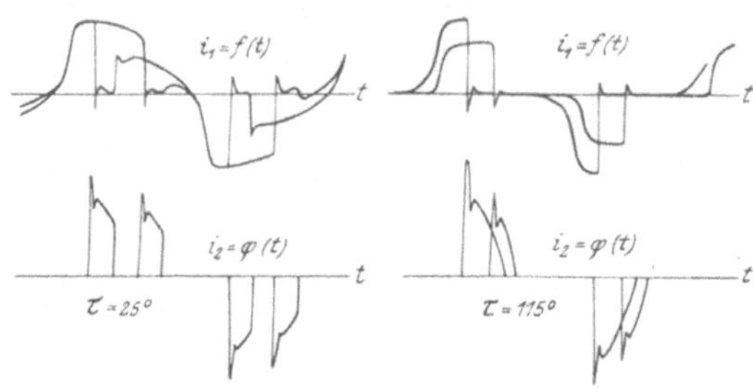

Abb. 91.
Iskromet-Apparat. Stromoszillogramme für verschiedene Zündzeitpunkte.

kundärkreis hat die Form eines Trapezes, das sich ergibt infolge des Erlöschens des Funkens unter der Wirkung des Schließens der Kontakte.

Anders sind die Erscheinungen bei Zündapparaten, deren Kontakte mittels zylindrischer Nocken geöffnet werden. Hier ändert in dem primären Kreis der Unterbrechungsstrom infolge der größeren Öffnungsperiode bei verschiedenen Zündzeitpunkten seine Stärke bedeutend; diese Stromstärke verringert sich besonders stark, wie Abb. 91 zeigt, bei Spätzündung.

Die Ursachen dieser sehr unliebsamen Erscheinung erklären sich leicht aus folgenden Umständen: Wegen des zu späten Schließens der Kontakte vollzieht sich die Zunahme des Stromes im Primärkreis nach dem Moment, der dem Nullwert des Stromes bei vollem Kurzschluß der Kontakte entspricht; infolgedessen kann der Strom im Primärkreis nicht die Stärke erreichen, die dem Moment der Unterbrechung nach der vollen Kurve des Kurzschlußstromes entsprechen würde.

In dem Sekundärkreis tritt dagegen wegen der genügend langen Unterbrecheröffnungsdauer kein vorzeitiges Erlöschen des Funkens ein, sondern der Lichtbogen erlischt von selbst (siehe die Kurve des sekundären Stromes in Abb. 91); deshalb erhält man einen viel größeren Effektivwert der Funkenstromstärke, als bei einem Magnetapparat mit flachen Unterbrechernocken (allerdings unter der Bedingung, daß die Anfangsstärken des Unterbrecherstromes in beiden Fällen die gleichen sind).

Auf Grund des oben Ausgeführten kann man schließen, daß die bestehenden Unterbrechermechanismen bei weitem nicht fehlerlos sind:

1. bei flachen Nocken verringert sich die effektive Stärke des Funkenstromes sehr stark infolge des vorzeitigen Erlöschens des Funkens wegen des frühen Schließens der Kontakte;

2. bei zylindrischen Nocken findet zwar kein vorzeitiges Erlöschen des Funkens statt, dagegen tritt eine sehr große Verringerung der Stärke des Unterbrechungsstromes bei den Funkenbildungen auf, die der Spätzündung entsprechen.

Somit kann man bei flachen Nocken annehmen, daß bei der Verstellung des Zündzeitpunktes die Änderung der effektiven Funkenstärke abhängig ist von der Kurvenform des Kurzschlußstromes, wobei hier eine kleinere effektive Stärke des Funkenstromes erhalten wird.

Beim Magnetapparat mit zylindrischen Nocken tritt bei verschiedenen Zündzeitmomenten eine größere Ungleichartigkeit der Stromstärke auf, obgleich die Stärke des Funkenstromes, die der

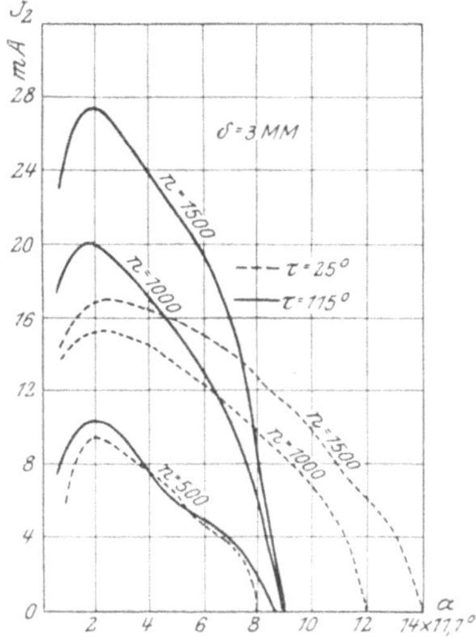

Abb. 92. Stromdiagramm des Magnetapparates mit den Öffnungsperioden des Unterbrechers $\tau = 25^0$ und $\tau = 115^0$.

maximalen Stärke des Unterbrechungsstromes im primären Kreis entspricht, auch absolut größer ist.

Das Diagramm in Abb. 92 bestätigt diese Schlußfolgerungen. Diese Kurven stellen graphisch die Abhängigkeit des Effektivwertes der Funkenstromstärke vom Grade der Zündmomentverstellung bei verschiedenen Rotationsgeschwindigkeiten des Zündapparates Iskromet und bei seiner Arbeit mit zwei Arten von Unterbrechermechanismen dar (mit flachen und mit verlängerten zylindrischen Nocken).

b) Rationelle Form der Unterbrechernocken.

Für die Entzündung des explosiven Gasgemisches in den Verbrennungsmotoren hat sowohl der Scheitel- als auch der Effektivwert der Funkenstromstärke eine sehr wichtige Bedeutung. Je größer diese Werte sind, desto sicherer findet die Entzündung des Gasgemisches statt. Um dies zu erreichen, ist es notwendig, daß die Funkenbildung bei möglichst großer Stärke des primären Unterbrechungsstromes stattfindet und daß hierbei die effektiven Werte des Funkenstromes möglichst groß seien. Einen solchen Funken kann man bei zweckentsprechender Konstruktion des Unterbrechermechanismus durch günstige Form der Nocken erzielen.

Es ist einleuchtend, daß ihre Form eine derartige sein muß, daß die Öffnungsperiode nur zum Selbstlöschen des Funkens reicht.

Die vom Verfasser vorgenommenen Versuche zeigen, daß bei großen Rotationsgeschwindigkeiten zur Selbstlöschung des Funkens eine Öffnungsperiode notwendig ist, die einem Winkel von 55 bis 60° entspricht.

Unterbrechermechanismen mit solcher Öffnungsdauer findet man nur bei zwei, drei Typen von Zündapparaten (Splitdorf, E. I. C., MEA.). Hier muß jedoch bemerkt werden, daß die Wahl der Öffnungsperiode bei den existierenden Zündapparaten von 60 bis 70° augenscheinlich

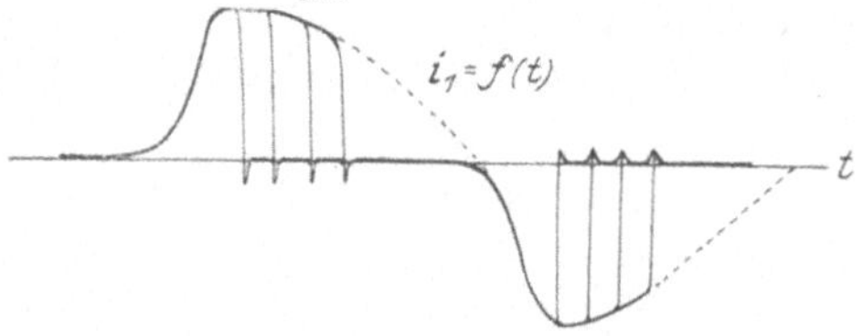

Abb. 93. Stromoszillogramme beim Magnetapparat mit rationeller Öffnungsperiode des Unterbrechers.

nur zufällig getroffen wurde, da z. B. die Firma Splitdorf bei ihrem Apparat Dixie Unterbrecher mit einem Öffnungswinkel der Kontakte nicht von 60°, sondern von 40 bis 42° ausführt, und der

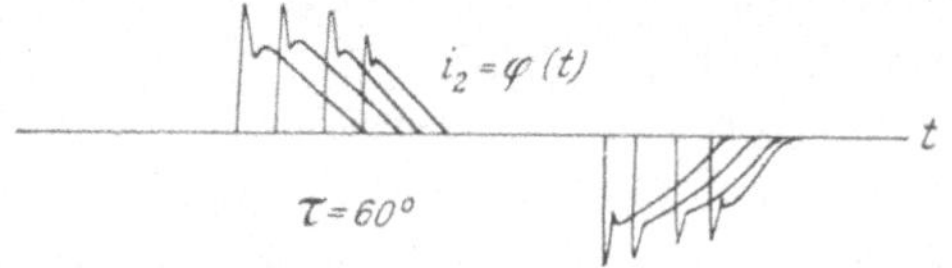

Abb. 94. Stromdiagramme für verschiedene Öffnungsperioden des Unterbrechers.

Apparat Type E. I. C. nicht für die Arbeit bei verschiedenen Zündzeitpunkten vorgesehen ist. Nur der MEA-Zündapparat hat richtige Unterbrecheröffnungsdauer; sie beträgt bei MEA-Magnetos ungefähr 50° bis 55°.

Nach dem Angeführten muß die Arbeit des Zündapparates mit einem Unterbrechermechanismus, der es gestattet, die Kontakte während der Drehung des Ankers um 55 bis 60° die ganze Zeit geöffnet zu lassen, bedeutend verbessert werden.

Um sich über die Wirkungsweise eines solchen Unterbrechers klar zu werden, wurde der Zündapparat Iskromet Nr. 1047 untersucht, wobei die zylindrischen Stahlnocksn in Nockenringen bis auf einen Bogen von 60° (statt 115°) durch Abschleifen verkürzt wurden.

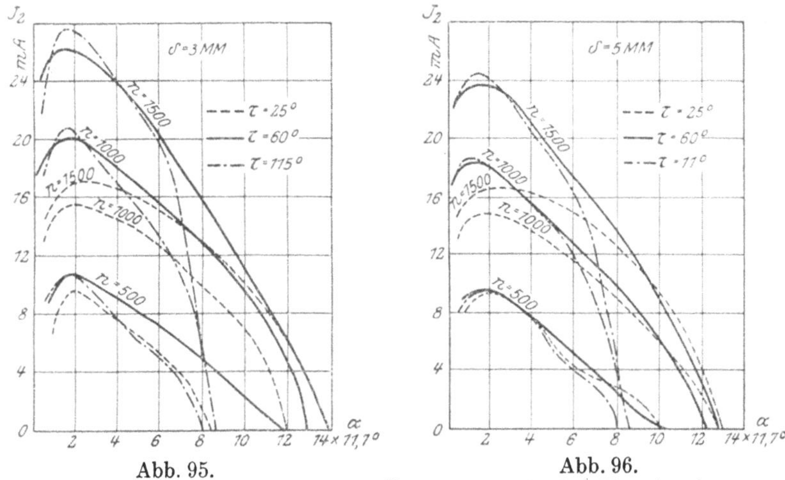

Abb. 95.   Abb. 96.

Stromdiagramme für verschiedene Öffnungsperiode des Unterbrechers.

Die in den Abb. 93 und 94 dargestellten Oszillogramme stellen Stromkurven beider Ankerkreise bei der Arbeit mit verschiedenen Zündzeitpunkten dar und zeigen, daß die Verkleinerung der Öffnungs periode auf das notwendige und genügende Maß von wesentlichem Nutzen ist. Es ist zu erkennen, daß beim Versuch, bei der Verstellung des Zündzeitpunktes um je 20° auf den Gesamtwinkel von 60°, die Anfänge der Kurven des Primärstromes zusammenfallen und eine Form haben, die der Kurve des Kurzschlußstromes entsprechen, und daß die Kurven des Funkenstromes die Form von spitzen Dreiecken haben. Infolgedessen findet bei einer solchen Konstruktion des Unterbrechermechanismus weder eine Verringerung der Stärke des Unterbrechungsstromes bei Spätzündung noch ein vorzeitiges Erlöschen statt. Deshalb erhält die effektive Stärke des Funkenstromes ihren größten Wert, der sich bei

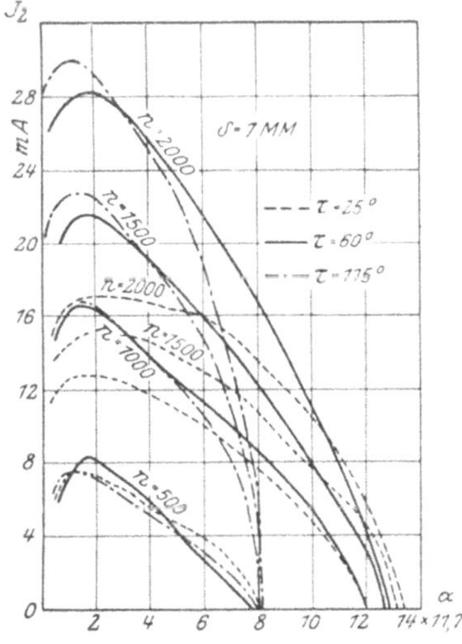

Abb. 97. Stromdiagramme für verschiedene Öffnungsperiode des Unterbrechers.

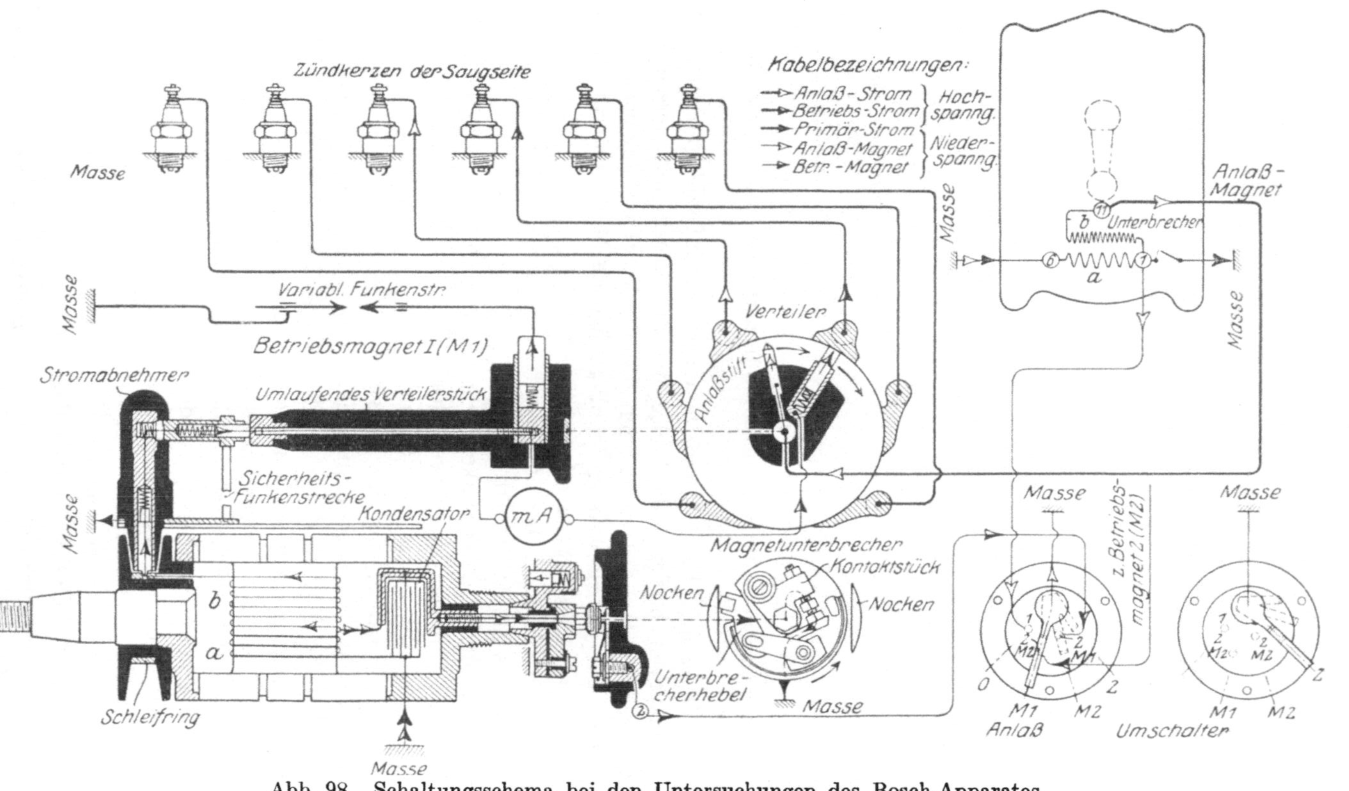

Abb. 98. Schaltungsschema bei den Untersuchungen des Bosch-Apparates.
a: Primärwicklung, b: Sekundärwicklung.

verschiedenen Zündmomenten in verhältnismäßig kleinen Grenzen ändert. In diesem Falle hängt die Funkenstromstärke nur von der Stärke des Primärstromes ab.

Die Diagramme in den Abb. 95 bis 97 zeigen die Wirkung verschiedener Typen von Unterbrechermechanismen: mit flachen, verlängerten und verkürzten Nocken. Diese Kurven geben ein deutliches Bild über die positiven Resultate, die infolge der rationellen Wahl der Öffnungsperiode der Kontakte erzielt

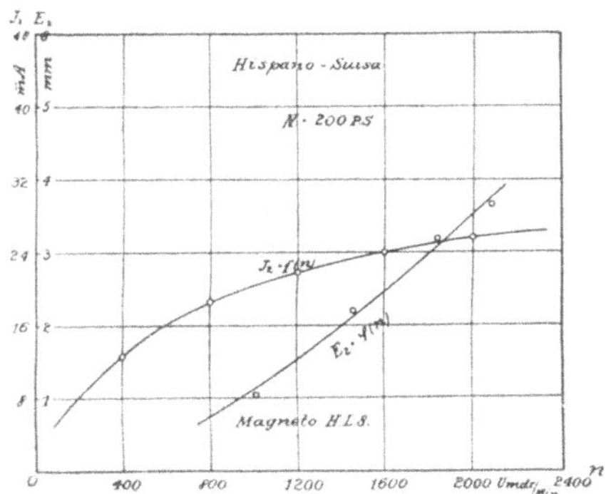

Abb. 99. Strom- und Spannungsdiagramm vom Bosch-Apparat, Type H.L. 8 während des Betriebes.

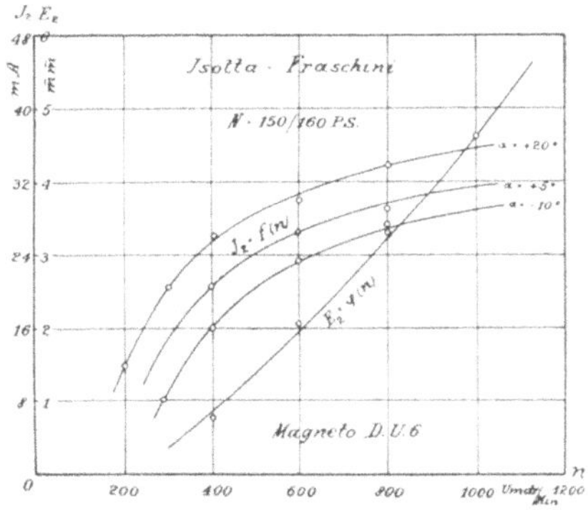

Abb. 100. Strom- und Spannungsdiagramm vom Bosch-Apparat, Type D.U. 6 während des Betriebes.

werden. Bei Untersuchung der Kurve $J_2 = f(\alpha)$, die sich auf die Arbeit eines Magnetapparats mit rationellem Unterbrecher bezieht, bemerkt man, daß diese Kurve ihrer Form nach der Kurve des Kurzschlußstromes des primären Ankerkreises sehr ähnelt. Daraus folgt, daß die effektive Stärke des Funkenstromes sich fast direkt proportional mit der Stärke des primären Unterbrechungsstromes ändert.

3. Funkenbildung in Hochspannungszündapparaten während des Motorbetriebes.

Um eine Vorstellung von dem Charakter der Funkenbildung des Hochspannungsmagneto unter seinen wirklichen Arbeitsbedingungen zu erhalten, wurden Experimente auf zwei Flugzeugmotoren (Hispano-Suiza und Isotta-Fraschini) gemacht.

Während des Experimentes wurde das Schaltungsschema des Zündsystems sowie aller Meßinstrumente so verwirklicht, wie es in der Abb. 98 gezeichnet ist.

Es wurden gemessen die Stromstärke im Sekundärkreis mit Hilfe des elektrodynamischen Milliamperemeters Weston, die Durchschlagsspannung mit Spitzelektrodenvoltmeter, das parallel an den Elektroden der Kerze eingeschaltet wurde.

Die Resultate der Messung sind als Diagramme in den Abb. 99 und 100 dargestellt.

Diese Kurven zeigen, daß bei normaler Geschwindigkeit der Flugzeugmotore die Durchschlagsspannung an den Kerzenelektroden $E_2 = 4000$ bis 5000 Volt und die Stromstärke im Sekundärkreis $J_2 = 30$ m A. betragen.

IV. Allgemeine Schlußfolgerungen über die Arbeit der Hochspannungszündapparate.

Auf Grund der angeführten theoretischen und experimentellen Untersuchungen der Hochspannungszündapparate kann man bezüglich des Arbeitsprozesses sowie bezüglich der Konstruktion dieser Apparate folgende Schlußfolgerungen machen:

1. Im Hochspannungszündmagneto werden bei der Rotation der beweglichen Teile des Ankersystems in der geöffneten Primär- und Sekundärwicklung elektromotorische Kräfte induziert, die proportional der Windungszahl der Rotationsgeschwindigkeit und der Änderungsgeschwindigkeit des magnetischen Kraftflusses im Ankerkern sind.

2. Bei Hochspannungsmagnetos beträgt die Zahl der Windungen in der primären Wicklung 120 bis 200, in der sekundären Wicklung 6000 bis 10000, bei einem Verhältnis derselben gleich 40 bis 60.

3. Die Rotationsgeschwindigkeit des Magneto hängt ab von seiner Type, von der Rotationsgeschwindigkeit und der Zylinderzahl des Motors, mit welchem der Magnetapparat verbunden ist. Die maximale Drehgeschwindigkeit der Magneto mit H-förmigem Anker beträgt bis 2700 ÷ 3000 Umdrehungen in der Minute.

4. Der maximale Wert des magnetischen Kraftflusses im Ankerkern hängt ab von der Differenz der magnetischen Potentiale an den Polschuhen der Stahlmagnete, von dem magnetischen Widerstand des Ankerkreises und von der magnetischen Streuung. Die Differenz der magnetischen Potentiale an den Polschuhen ist abhängig von der magnetischen Eigenschaft dieser Stahlmagnete (von deren Remanenz und koerzitiver Kraft), von der Form der Bogen und vom magnetischen Widerstand des Ankersystems.

Je größer dieser Widerstand, desto stärker äußert sich die entmagnetisierende Wirkung der freien Pole des bogenförmigen Stahlmagnets. Mit der Vergrößerung des entmagnetisierenden Feldes erhöht sich die Differenz der magnetischen Potentiale. Andererseits führt die Vergrößerung des Widerstandes des Raumes zwischen den Polen zur Verringerung des magnetischen Kraftflusses, der den ganzen magnetischen Kreis durchfließt. Somit ist es Aufgabe des Konstrukteurs, jenes Optimum zu finden, bei welchem der magnetische Ankerfluß sein Maximum erreicht. Die Erfahrung zeigt, daß die besten Bedingungen für die Erzielung eines möglichst großen magnetischen Kraftflusses im Anker dann eintreten, wenn der Flächeninhalt der zylindrischen Oberfläche des Polschuhes gleich ist der vierfachen Querschnittsfläche der Stahlmagnete.

Die Gesamtlänge der Luftspalte im Ankerkreis beträgt 0,4 bis 0,6 mm. Zur Verringerung der Streuung des magnetischen Hauptflusses macht man alle Teile des Ankersystems (z. B. die Flanschen mit der Ankerwelle, die Zahnräder usw.), die nicht dazu dienen, die magnetischen Kraftlinien durch den Ankerkern zu lenken, aus diamagnetischem Material (speziellem Stahl, Bronze usw.).

5. Auf die Größe der maximalen Werte der induzierten elektromotorischen Kräfte hat der Maximalwert und das Tempo der Änderung des magnetischen Kraftflusses im Anker einen starken Einfluß.

Auf die Größe des maximalen Momentanwertes der elektromotorischen Kraft kann man schließen nach dem Koeffizienten Z oder nach dem Verhältnis $\left(\dfrac{d\Phi_a}{d\alpha}\right)_{max} : (\Phi_a)_{max}$. Dieser Koeffizient beträgt beim Magneto mit symmetrischen Polschuhen und dem Umfangswinkel $\beta = \gamma$ zwischen 4 bis 6; für den Fall, daß die Polschuhe Überlappungen besitzen, oder wenn $\beta > \gamma$ oder $\beta < \gamma$, schwankt dieser Wert von 2,5 bis 4.

6. Das Maximum der elektromotorischen Kraft in den Ankerwicklungen soll theoretisch eintreten, wenn sich der Anker von dem einen Pol losreißt und sich dem andern nähert. In Wirklichkeit aber nacheilt dieses Moment infolge der Hysteresis um 2 bis 3°. Beim Vorhandensein von überlappten Polschuhen, oder wenn die Winkel $\beta \neq \gamma$, verlängert sich die Periode der maximalen Momentanwerte der elektromotorischen Kräfte. Aber dies wird, wie früher gesagt, teuer bezahlt auf Kosten einer Verringerung ihrer absoluten Werte.

7. Beim Kurzschluß der Ankerwicklung fließen in dem primären Kreise des Magneto Wechselströme, deren maximale Momentanwerte bei mittleren oder großen Geschwindigkeiten (angefangen von 750 Umdrehungen in der Minute) fast konstant bleibt und von der Drehgeschwindigkeit des Ankers unabhängig ist. Diese Beständigkeit der Stromstärke in der primären Wicklung beruht auf der Ankerreaktion und der Vergrößerung des scheinbaren Widerstandes (Impedanz) bei der Erhöhung der Geschwindigkeit. Der maximale

Wert der Stromstärke hängt ab von den magnetischen Eigenschaften des Magneto, der Windungszahl der Primärwicklung und auch von dem Widerstand derselben.

8. Die Kurzschlußstromkurve geht bei Erhöhung der Geschwindigkeit von der scharf ausgeprägten Form zur Sinuslinie über, d. h. es ist, als ob sie sich von den Oberwellen befreit.

9. Der Scheitelwert der Stromstärke in der kurzgeschlossenen primären Wicklung verschiebt sich bei erhöhter Geschwindigkeit im Raume in der Rotationsrichtung. Bei größeren Geschwindigkeiten ist jedoch für Frühzündung zu sorgen, weshalb die Verschiebung der Stromamplitude in der Rotationsrichtung eine unerwünschte Erscheinung ist.

10. Die Funkenbildung in der Sekundärwicklung des Magneto wird durch Unterbrechung des Primärstromes hervorgerufen. Um die größtmögliche Energie des Funkens zu erzielen, ist es notwendig, das Öffnen der Kontakte des Unterbrechers bei dem Maximum des Momentanwertes des Primärstromes zu veranlassen. Die Funkenstärke wird durch den Charakter des Verschwindens des Stromes in der primären Wicklung sehr beeinflußt; je schneller das Verschwinden des Stromes stattfindet, desto bedeutender ist die Spannungserhöhung in der Sekundärwicklung, was die Vergrößerung der Funkenenergie zur Folge hat.

11. Um eine plötzliche Unterbrechung des primären Stromes zu erzielen, wird der Kondensator zum Unterbrecher parallel geschaltet. Das Vorhandensein des Kondensators verzögert den Prozeß des Stromverschwindens in der primären Wicklung. Deshalb wählt man Kondensatoren von solcher Kapazität, bei welcher eine Funkenbildung an den Kontakten nicht stattfindet. Gewöhnlich beträgt die Kapazität des Kondensators 0,05 bis 0,20 Mikrofarad.

Um die zerstörende Wirkung der Funkenbildung zu vermindern, werden die Kontakte aus Platin hergestellt. Durch Zusatz von 15 bis 30 % Iridium wird die mechanische Festigkeit der Platin- . kontakte wesentlich gesteigert.

12. Während der Unterbrechung des Primärstromes in der Sekundärwicklung des Magneto erhöht sich die Spannung so lange, als zwischen den Elektroden nicht der Funke überspringt. Im weiteren Verlauf geht der Funke infolge der Ionisierung der Gasstrecke und des Glühens der Elektroden in den Lichtbogen über.

13. Beim Verschwinden des Primärstromes wächst die Differenz der Potentiale auf den Klemmen des Kondensators proportional mit der Spannung in der Sekundärwicklung. Da in den Hochspannungsmagnetos manchmal die Funkenbildung bei einer Spannung

von 12 bis 15 Tausend Volt eintritt, so kann die Potentialdifferenz bei den Klemmen des Kondensators von 200 bis 300 Volt erreichen.

14. Unter sonst gleichen Bedingungen hängt die Energie des Funkens im Magneto vom Momentanwert der Unterbrechungsstromstärke in der Primärwicklung ab. Deshalb verändert sie sich mit Verstellung des Zündzeitpunktes. Die Verstellung des Zündzeitpunktes in größeren Grenzen (bis 60^0 bezogen auf die Achse des Magneto) wird erreicht durch Anordnung besonderer beweglicher Polschuhe (Magneto Z. H. 6) oder durch besondere Konstruktion des Apparates (Dixie, MEA). Bei den gewöhnlichen Magnetos ist eine Verstellung des Zündzeitpunktes in den Grenzen bis 35^0 gestattet.

Das sind allgemeine Schlußfolgerungen für Hochspannungszündapparate.

Was die Eigenschaften der verschiedenen Typen von Hochspannungszündapparaten betrifft, die für Automobil-, Flugzeug- und Luftschiffmotoren am meisten verbreitet sind, so kann man auf Grund der angeführten experimentellen und theoretischen Untersuchungen folgendes sagen:

a) Mit Rücksicht auf die magnetischen und elektrischen Eigenschaften.

In dieser Beziehung ist der Magnetapparat normaler Type mit symmetrischen Polschuhen am vollkommensten.

Wirklich ist auch beim Magnetapparat, bei welchem die Umfangswinkel $\beta = \gamma = 90^0$ sind, die Streuung des magnetischen Kraftflusses der Stahlbogen verhältnismäßig geringer, weshalb der maximale Wert des magnetischen Kraftflusses am größten ausfällt. Außerdem erhält man bei der normalen Form der Polschuhe bei der Rotation des Ankers heftigere Änderungen des magnetischen Kraftflusses im Ankerkern, was die Erhöhung der Scheitelwerte der induzierten elektromotorischen Kräfte und der Kurzschlußströme stark beeinflußt.

Somit erhält man beim normalen Magnetapparat den stärksten Funken.

Das Vorhandensein von überlappten Polschuhen oder die Vergrößerung der Umfangswinkel ($\beta \neq \gamma \neq 90^0$) verschlechtert die magneto-elektrischen Eigenschaften des Zündapparates, da in diesem Fall der Streuungskraftfluß zunimmt, der Koeffizient $Z = \left(\dfrac{d\Phi_a}{d\alpha}\right)_{\text{max}} : (\Phi_a)_{\text{max}}$ abnimmt, der absolute Maximalwert der Kurzschlußstromstärke fällt und zusammen damit auch die Energie des Funkens sinkt.

Ebenso verringert sich auch beim Magnetapparat Bosch Z. H. 6 infolge der Anordnung von drehbaren Polschuhen die magnetische Leitfähigkeit des Ankerkreises, und der Streukoeffizient wird viel größer als beim Magnetapparat mit normalen Polschuhen. Die Streuung des magnetischen Hauptkraftflusses vergrößert sich bei der Verstellung der beweglichen Polschuhe. Deshalb beeinflußt die Verschlechterung der magnetischen Eigenschaften des Ankersystems schließlich die Funkenbildung im Magnetapparat ungünstig.

Was den Apparat Dixie betrifft, so ist bei diesem Apparat infolge der komplizierten Konstruktion des magnetischen Ankersystems der nutzbare magnetische Kraftfluß (der Streukoeffizient σ beträgt ungefähr 2 bis 2,5) nur klein, so daß man einen schwachen Funken erhält.

Der MEA-Zündapparat, welcher den drehbaren Glockenmagnet besitzt, kann in jeder Zündzeitpunktstellung fast die gleiche Funkenenergie ergeben.

b) Mit Rücksicht auf die Möglichkeit der Regulierung der Funkenbildung innerhalb weiter Grenzen.

Hier ist zu bemerken, daß es in dieser Beziehung nur wenige genügend vollkommene Magnetapparate gibt.

Allerdings ist beim Apparat Dixie die Funkenstärke bei Verstellung des Zündzeitpunktes mehr oder weniger konstant, aber die Konstruktion des Apparates selbst gestattet nicht, den Verstellhebel auf einen größeren Winkel als 40^0 zu versetzen.

Der MEA-Magneto gestattet eine Verstellung des Zündzeitpunktes selbst bis 80^0, auf die Ankerwelle bezogen, was einer Verstellung von ca. 53^0 in bezug auf die Kurbelwelle der 6-Zylinder-Motoren entspricht.

Auch in weiten Grenzen können die Zündzeitpunkte beim Magnetapparat Bosch Z. H. 6 verstellt werden, und die Funkenstärke ändert sich hierbei mit der Lage des Verstellhebels nur wenig.

Magnetapparate mit normalen Polschuhen und den bestehenden Unterbrechermechanismen gestattet eine Verstellung des Zündzeitpunktes in den Grenzen bis 35^0, wobei die Energie des Funkens sich vom Moment der Unterbrechung stark ändert.

Die Ausgestattung der überlappten Polschuhe gibt keine positiven Resultate im Sinne der Erzielung einer beständigen Stromstärke im sekundären Kreis bei verschiedenen Momenten der Funkenbildung.

Oben wurde gezeigt, daß die Unterbrecheröffnungsdauer einen großen Einfluß auf den Prozeß der Funkenbildung in den Zündapparaten ausübt und daß die Unterbrechermechanismen, die man bei den am meisten verbreiteten Magnetapparaten findet, in dieser Beziehung große Mängel aufweisen (entweder verringert sich die

Stärke des Unterbrechungsstromes bei Spätzündung, oder der Funke erlischt vorzeitig).

Dabei ist zu bedenken, daß bei richtiger Wahl der Unterbrecheröffnungsperiode die elektrischen Eigenschaften des Magnetapparates sich bedeutend verbessern und man die Möglichkeit hat, die Zündzeitpunkte in weiten Grenzen (über 60^0) ohne bedeutende Schwächung des Funkens zu verstellen.

Daraus folgt, daß bei Magnetapparaten mit normalen symmetrischen Polschuhen und mit rationell konstruiertem Unterbrechermechanismus den Zündmoment bei genügend starkem Funken in Grenzen bis 60^0 verstellen kann.

Magnetapparate, die Vorrichtungen zur automatischen Verstellung des Zündzeitpunktes haben, geben natürlich bei verschiedenen Zündmomenten Funken gleicher Stärke, da in solchen Apparaten die Unterbrecheröffnung stets bei bestimmter Ankerlage stattfindet. Aber die automatischen Regulatoren komplizieren bedeutend die Konstruktion des Magnetapparates und verstellen den Zündzeitpunkt nur in Betriebsfall von der Rotationsgeschwindigkeit des Motors, ohne dem Arbeitsregime desselben (ohne in der Leistung und dem von ihm entwickelten Drehmoment) übereinzustimmen.

c) Mit Rücksicht auf die Konstruktion und das Gewicht.

Nach der allgemeinen Konstruktion und Ausführung der einzelnen Teile ist der Magnetapparat mit normalen Polschuhen am einfachsten.

Die Anwendung von Polschuhen mit Überlappungen kompliziert die Konstruktion des Apparates.

Noch komplizierter ist infolge der Anordnung von beweglichen Polschuhen, die eine sehr genaue Ausführung und Antrieb erfordern, der Apparat Bosch Z. II. 6.

Der Magnetapparat Dixie eignet sich sehr gut für die Zerlegung und die Besichtigung und die Prüfung einzelner Teile, ist aber seiner Konstruktion nach kaum einfacher als die gewöhnliche Type des Magnetapparates Bosch.

Der MEA-Apparat ist seiner Konstruktion nach komplizierter als die Magnetos mit normalen Polschuhen.

Die Ausrüstung des Magnetapparates mit zentrifugalen Regulatoren für die automatische Zündzeitpunktverstellung verringert, abgesehen von der komplizierteren Konstruktion, die Zuverlässigkeit des Zündapparates, da die Federn des Reguliermechanismus oft schadhaft werden oder ihre ursprüngliche Elastizität verlieren.

In den Tabellen 10 und 11 sind Daten über die Gewichte verschiedener Typen von Magnetapparaten für 4- und 6-Zylinder-Motoren angeführt.

Tabelle 10.
Gewichte von Magnetapparaten für 4-Zylinder-Motoren.

Bezeichnung des Magneto	Bosch Z. F. 4	Bosch Z. U. 4 autom. Reg.	Iskromet 3. H. 4	Splitdorf	Dixie
Gewicht in kg . . .	6,3	8,6	6.1	8,1	6,4

Tabelle 11.
Gewichte von Magnetapparaten für 6-Zylinder-Motoren.

Bezeichnung des Magneto	Bosch Z. F. 4	Bosch Z. U. 6 autom. Reg.	Bosch Z. H. 6	Dixie Type 60	Bosch Z. R. 6 amerik.
Gewicht in kg . .	6,7	8,9	6,7[1])	6,6	6,4

Aus den Tabellen ist zu ersehen, daß die Magnetapparate mit normalen Polschuhen (gewöhnl. Type Bosch) der leichteste Zündapparat ist.

Auf Grund dieser Ausführungen kann man somit schließen, daß Magnetapparate mit normalen Polschuhen und mit rationellem Unterbrechermechanismus am vollkommensten allen Forderungen entsprechen können, die man an einen Zündapparat stellt; deshalb kann diese Type namentlich bei solchen Explosionsmotoren angewendet werden, die eine Verstellung des Zündzeitpunktes in den Grenzen bis 60° bei genügend starkem Funken zulassen.

Um weitere Grenzen der Zündmomentverstellung zu erreichen, müssen die Magnetapparate von spezieller Konstruktion sein (wie z. B. MEA-Magnetos) oder automatische Regulatoren besitzen.

---

[1]) Die leichtere Type dieses Apparates wiegt ungefähr 4,5 kg.

V. Nachrechnung von Magnetapparaten.

Um eine Vorstellung von der zahlenmäßigen Seite des Arbeitsprozesses der Hochspannungszündapparate zu geben, führen wir die Daten betreffs der Konstruktionseigenarten und die Vergleichsergebnisse zweier Typen von Magnetapparaten Iskromet und Bosch H. L. 8 an.

Nr.	Bezeichnung der Details und Größe	Iskromet	Bosch H. L. 8
	I. Bogenmagnete.		
1	Zahl	2 Stück	2 Stück
2	Material	Spezialstahl	Spezialstahl
3	Mittlere Bogenlänge	$L = 30,5$ cm	$L = 32,6$ cm
4	Querschnittsfläche der Stahlbogen	$F_m = 8,69$ cm²	$F_m = 7,80$ cm²
5	Remanenz bei:		
	a) geschlossenem Kreise	$B_0 = 9625$ Gauß	$B_0 = 9650$ Gauß
	b) geöffnetem Kreise	$B_1 = 6600$ Gauß	$B_1 = 6700$ Gauß
6	Koerzitivkraft	$H_0 = 52$ Gauß	$H_0 = 49,5$ Gauß
7	Hauptkraftfluß	$\Phi_m = 83500$ Maxwell	$\Phi_m = 75200$ Maxwell
8	Notwendige Zahl der magnetisierten Amperewindungen bis $H_{\max} = 500$ Gauß	$AW = 12200$ Amperewindungen	$AW = 13040$ Amperewindungen
	II. Polschuhe.		
9	Zahl	2 Stück	2 Stück
10	Material	Gußeisen	Gußeisen
11	Zylindrische Oberfläche	$F_p = 66,0$ cm²	$F_p = 41,7$ cm²
12	Umfangswinkel der zylindrischen Oberfläche	$\gamma = 125°$	$\gamma = 92,50°$
13	Verhältnis der Oberfläche der Polschuhe zum Gesamtquerschnitt der Bogenmagnete	$\dfrac{F_p}{F_m} = 7,66$	$\dfrac{F_p}{F_m} = 4,17$
	III. Ankersystem.		
	a) Segmente.		
14	Zahl	—	2 Stück
15	Material	—	Eisen.
16	Bogen der mittleren zylindrischen Oberfläche	—	$\beta = 96°$
17	Fläche des Radialschnittes	—	$F_s = 4,0$ cm²

Nr.	Bezeichnung der Details und Größe	Iskromet	Bosch H. L. 8
	b) Anker.		
18	Material	Eisen	Eisen
19	Bogen der zylindrischen Oberfläche	$\beta = 90^0$	$\beta = 90^0$
20	Zylindrische Oberfläche	$F_a' = 34,3$ cm²	$F_a' = 29,7$ cm²
21	Zahl der Eisenbleche des Kernstückes	53 Stück	42 Stück
22	Stärke der Eisenbleche	$\delta = 0,45$ mm	$\delta = 0,45$ mm
23	Aktive zylindr. Oberfläche	$F_a = 34,1$ cm²	$F_a = 29,5$ cm²
24	Querschnittsfläche des Kernes	$\Theta_a' = 3,27$ cm²	$\Theta_a' = 3,41$ cm²
25	Aktive Querschnittsfläche des Kernes	$\Theta_a = 3,26$ cm²	$\Theta_a = 3,40$ cm²
26	Maxim. magnet. Kraftfluß des Ankerkernes	$\Phi_{a_{max}} = 32000$ Maxwell	$\Phi_{a_{max}} = 32000$ Maxwell
27	Magnetische Induktion in den Luftspalten	$B_{1\,m} = 940$ Gauß	$B_{1\,m} = 1600$ Gauß
28	Maxim. magnet. Induktion im Ankerkern	$B_{a_{max}} = 9825$ Gauß	$B_{2\,m} = 2310$ „ $B_{a_{max}} = 9430$ „
29	Luftspa'te	$2\delta = 0,5$ mm	$2\delta = 0,25$ mm
30	Abfall des magnet. Potentials in dem Ankerkreise	$P = 47,0$	$P = 93,25$
31	Koeffizient $$Z = \left(\frac{d\,\Phi_a}{d\alpha}\right)_{max} : (\Phi_a)_{max}$$	$Z' = 2,06$	$Z = 5,17$
	c) Ankerwicklungen.		
32	Material d. Leitungsdrähte	Kupfer	Kupfer
33	Windungszahl der primären Wicklung	$w_1 = 172$	$w_1 = 145$
34	Windungsznhl der sekundären Wicklung	$w_2 = 9856$	$w_2 = 10200$
35	Durchmesser des Drahtes der Primärwicklung	$\phi_1 = 0,6$ mm	$\phi_1 = 0,62$ mm
36	Durchmesser des Drahtes der Sekundärwicklung	$\phi_2 = 0,12$ mm	$\phi_2 = 0,09$ mm
37	Querschnittsfläche des dikken Drahtes	$\varphi_1 = 0,283$ mm²	$\varphi_1 = 0,332$ mm²
38	Querschnittsfläche des dünnen Drahtes	$\varphi_2 = 0,1135$ mm²	$\varphi_2 = 0,0635$ mm²
39	Maximaler Momentanwert der elektromot. Kräfte bei 1000 Umdr./Min., Leerlauf:		
	in der primären Wicklung	$E_1 = 18,0$ Volt	$E_1 = 25,0$ Volt
	in der sekundären Wicklung	$E_2 = 1035$ „	$E_2 = 1760$ „
40	Effektiver Wert der elektromot. Kräfte bei 1000 Umdr./Min , Leerlauf:		
	in der primären Wicklung	$E_1 = 7,2$ Volt	$E_1 = 7,3$ Volt
	in der sekundären Wicklung	$E_2 = 412$ „	$E_2 = 573$ „

Nr.	Bezeichnung der Details und Größe	Iskromet	Bosch H. L. 8
41	Maximaler Momentanwert des Primärstromes bei Kurzschluß	$I_1 = 3,0$ Amp.	$I_1 = 5,4$ Amp.
42	Effektiver Maximalwert des Primärstromes bei Kurzschluß	$J_1 = 1,90$ Amp.	$J_1 = 2,25$ Amp.
43	Stromdichte in der Primärwicklung	$S_1 = 6,72$ Amp./mm²	$S_1 = 6,79$ Amp./mm²
	Unterbrecher.		
44	Material der Kontakte	Legierung: Platin und Iridium	Legierung: Platin und Iridium
45	Oberfläche der Kontakte	$f_k = 9,65$ mm²	$f_k = 9,73$ mm²
46	Maximale Entfernung zwischen den Kontakten	$\delta_k = 0,4$ mm	$\delta_k = 0,4$ mm
47	Stromdichte auf den Kontakten	$S_{k_{max}} = 0,312$ Amp./mm²	$S_{k_{max}} = 0,555$ Amp./mm²
	Kondensator.		
48	Zahl der Glimmerblättchen	157	150
49	Zahl der Zinnblättchen	156	149
50	Fläche des Glimmerblattes	$F_k = 1210$ mm²	$F_k = 1634$ mm²
51	Stärke des Glimmerblättchens	$\delta_g = 0,05$ bis $0,05$ mm	$\delta_g = 0,05$ bis $0,06$ mm
52	Stärke des Zinnblättchens	$\delta_z = 0,025$ mm	$\delta_z = 0,02$ bis $0,03$ mm
53	Kapazität d. Kondensators	$C = 0,12$ μF	$C = 0,15$ μF
54	Dielektrizitätskonstante d. Glimmers	$\varepsilon = 6,0$	$\varepsilon = 4,25$
55	Maximale Spannung auf d. Kondensatorklemmen	$(p_c)_{max} = 265$ Volt	$(p_c)_{max} = 210$ Volt

Literaturverzeichnis.

1. „Magnetos for electric ignition" by H. Armagnat, Electrician 1916, March 24, No. 1975 (No. 25, Vol. LXXVI), S. 899, No. 26.
2. „The high-tension magneto with special reference to the ignition of aeroplane engines" by A. P. Young, Electrician 1919, Vol. LXXIX No. 24, 25, 26.
3. „Magneto ignition" by J. F. Henderson, B. Sc. Proc. Urst Automobile Engineers, January 1915, with dissension.
4. „The H. T. Magneto" by A. P. Young, A. M. J. E. E., Automobile Engineer, March 1915.
5. „The Magneto; its Function, design and Construction" by Mr. E. A. Watson, M. Sc., Paper read before the Coventry Engineering Society on February 23, 1917, and published in the Automobile Engineer, May 1917.
6. „Simplified theory of the magneto" by F. B. Silsbee Bureau of Standards, Report, No. 123, National Advisory Committee for aeronautics.
7. Die Hochspannungszündapparate. ETZ 1916. No. 24.
8. La revue electrique, 1915. 16 avril, No. 272. XXIII, p. 331.
9. Report of the British association committee on gaseous explosions. The Electrician, 1912. Vol. 69, S. 1067.
10. „The change of the specific heats of gases with temperature". W. Thomson. The Electrician, 1915, October.
11. „Sparc Signition" by J. D. Morgan, Engineering. Nov. 3. 1916, S. 427.
12. „Notes on the ignition of Explosive Gas Mixtures by Electric Sparcs", Journal of the Institution of Electrical Engineers. Vol. 54, No. 254.
13. „Contribution au calcul des aimants", H. Armagnat · Revue Générale d'Électricité, 27 Octobre 1917. Tome II, No. 17.
14. „On the Relation between the number of secondary turns on a magneto armature and the secondary Voltage with hundred resistance" by G. E. Baistro. C. E. 270 Advisory committee for Aeronautics, Internal Combustion engine sub Committee reports No. 52.
15. „Aviatzioni Magneto wisokogo naprjaschenia" von V. Kulebakin, 1921.
16. „Regulirowanie momenta iskroobrasowanja w magneto" von V. Kulebakin, 1922.
17. „Die heutige Lichtbogenzündung" von H. Mertz, Motorwagen, XXV, Heft 19/20, 1922.
18. „Magnetische Zündvorrichtungen" von Prätorius, ETZ 1919, S. 537.

Die Elektromotoren in ihrer Wirkungsweise und Anwendung.
Ein Hilfsbuch für die Auswahl und Durchbildung elektromotorischer Antriebe. Von **Karl Meller,** Oberingenieur. Zweite, vermehrte und verbesserte Auflage. Mit 153 Textabbildungen. 1923.
3.60 Goldmark; gebunden 4.40 Goldmark / 0.90 Dollar; gebunden 1.10 Dollar

Elektromotoren.
Ein Leitfaden zum Gebrauch für Studierende, Betriebsleiter und Elektromonteure. Von Dr.-Ing. **Johann Grabscheid.** Mit 72 Textabbildungen. 1921. 2.80 Goldmark / 0.70 Dollar

Die Elektrotechnik und die elektromotorischen Antriebe.
Ein elementares Lehrbuch für technische Lehranstalten und zum Selbstunterricht. Von Dipl.-Ing. **Wilhelm Lehmann.** Mit 520 Textabbildungen und 116 Beispielen. 1922. Gebunden 9 Goldmark / Gebunden 2.15 Dollar

Kurzes Lehrbuch der Elektrotechnik.
Von Dr. **Adolf Thomälen,** a. o. Professor an der Technischen Hochschule Karlsruhe. Neunte, verbesserte Auflage. Mit 555 Textbildern. 1922.
Gebunden 9 Goldmark / Gebunden 2.15 Dollar

Kurzer Leitfaden der Elektrotechnik
für Unterricht und Praxis in allgemeinverständlicher Darstellung. Von Ingenieur **Rudolf Krause.** Vierte, verbesserte Auflage herausgegeben von Prof. **H. Vieweger.** Mit 375 Textfiguren. 1920. Gebunden 6 Goldmark / Gebunden 1.45 Dollar

Elektrische Starkstromanlagen.
Maschinen, Apparate, Schaltungen, Betrieb. Kurzgefaßtes Hilfsbuch für Ingenieure und Techniker sowie zum Gebrauch an technischen Lehranstalten. Von Studienrat Dipl.-Ing. **Emil Kosack,** Magdeburg. Sechste, durchgesehene und ergänzte Auflage. Mit 296 Textfiguren. 1923.
5 Goldmark; gebunden 6 Goldmark / 1.20 Dollar; gebunden 1.45 Dollar

Schaltungen von Gleich- und Wechselstromanlagen.
Dynamomaschinen, Motoren und Transformatoren, Lichtanlagen, Kraftwerke und Umformerstationen. Ein Lehr- und Hilfsbuch. Von Studienrat Dipl.-Ing. **Emil Kosack,** Magdeburg. Mit 226 Textabbildungen. 1922.
4 Goldmark / 1 Dollar

Grundzüge der Starkstromtechnik.
Für Unterricht und Praxis. Von Dr.-Ing. **K. Hoerner.** Mit 319 Textabbildungen und zahlreichen Beispielen. 1923. 4 Goldmark; geb. 5 Goldmark / 1 Dollar; geb. 1.25 Dollar

Elektrische Schaltvorgänge und verwandte Störungserscheinungen in Starkstromanlagen.
Von Prof. Dr.-Ing und Dr.-Ing. e. h. **Reinhold Rüdenberg,** Chef-Elektriker der Siemens-Schuckertwerke, Privatdozent an der Technischen Hochschule zu Berlin. Mit 477 Abbildungen im Text und 1 Tafel. 1923.
Gebunden 16 Goldmark / Gebunden 3.80 Dollar

Arnold-la Cour. Die Wechselstromtechnik. Herausgegeben von Prof. Dr.-Ing. **E. Arnold,** Karlsruhe. In 5 Bänden. Unveränderter Neudruck. 1923.
Ein ausführliches Verzeichnis über die einzelnen Bände mit Preisen ist durch den Verlag zu beziehen.

Ankerwicklungen für Gleich- und Wechselstrommaschinen. Ein Lehrbuch. Von Prof. **Rudolf Richter,** Karlsruhe. Mit 377 Textabbildungen. Berichtigter Neudruck. 1922.
Gebunden 11 Goldmark / Gebunden 2.80 Dollar

Die Hochspannungs-Gleichstrommaschine. Eine grundlegende Theorie. Von Dr. **A. Bolliger,** Elektro-Ingenieur in Zürich. Mit 53 Textfiguren. 1921.
2 Goldmark / 0.50 Dollar

Die symbolische Methode zur Lösung von Wechselstromaufgaben. Einführung in den praktischen Gebrauch. Von **Hugo Ring,** Ingenieur, Hamburg. Mit 33 Textfiguren. 1921.
2.30 Goldmark / 0.55 Dollar

Die Berechnung von Gleich- und Wechselstromsystemen. Neue Gesetze über ihre Leistungsaufnahme. Von Dr.-Ing. **Fr. Natalis.** Mit 19 Textfiguren. 1920.
1 Goldmark / 0.25 Dollar

Meßgeräte und Schaltungen für Wechselstrom-Leistungsmessungen. Von **Werner Skirl,** Oberingenieur. Zweite, umgearbeitete und erweiterte Auflage. Mit 41 Tafeln, 31 ganzseitigen Schaltbildern und zahlreichen Textbildern. 1923.
Gebunden 6 Goldmark / Gebunden 1.45 Dollar

Meßgeräte und Schaltungen zum Parallelschalten von Wechselstrom-Maschinen. Von **Werner Skirl,** Oberingenieur. Zweite, umgearbeitete und erweiterte Auflage. Mit 30 Tafeln, 30 ganzseitigen Schaltbildern und 14 Textbildern. 1923.
Gebunden 4 Goldmark / Gebunden 1 Dollar

Elektrotechnische Meßkunde. Von Dr.-Ing. **P. B. Arthur Linker.** Dritte, völlig umgearbeitete und erweiterte Auflage. Mit 408 Textfiguren. Unveränderter Neudruck. 1923. Gebunden 11 Goldmark / Gebunden 2.70 Dollar

Elektrotechnische Meßinstrumente. Ein Leitfaden. Von **Konrad Gruhn,** Oberingenieur und Gewerbestudienrat. Zweite, vermehrte und verbesserte Auflage. Mit 321 Textabbildungen. 1923.
Gebunden 5.80 Goldmark / Gebunden 1.40 Dollar

Anleitungen zum Arbeiten im Elektrotechnischen Laboratorium. Von **E. Orlich.** Erster Teil. Mit 74 Textbildern. 1923.
2 Goldmark / 0.50 Dollar